# 复盘

Replay

虚舟 著

青岛出版社
QINGDAO PUBLISHING HOUSE

**图书在版编目（CIP）数据**

复盘/虚舟著. —青岛:青岛出版社,2021.3
ISBN 978-7-5552-9294-4

Ⅰ.①复… Ⅱ.①虚… Ⅲ.①人生哲学－通俗读物 Ⅳ.①B821-49

中国版本图书馆CIP数据核字（2020）第179123号

| | | |
|---|---|---|
| 书　　名 | 复　盘 | |
| 作　　者 | 虚　舟 | |
| 出版发行 | 青岛出版社 | |
| 社　　址 | 青岛市海尔路182号（266061） | |
| 本社网址 | http://www.qdpub.com | |
| 邮购电话 | 18613853563　0532-68068091 | |
| 责任编辑 | 李文峰 | |
| 特约编辑 | 郑丽丽 | |
| 校　　对 | 李玮然 | |
| 装帧设计 | 白砚川 | |
| 照　　排 | 梁　霞 | |
| 印　　刷 | 北京润田金辉印刷有限公司 | |
| 出版日期 | 2021年3月第1版　2023年3月第6次印刷 | |
| 开　　本 | 32开（880mm×1230mm） | |
| 印　　张 | 8 | |
| 字　　数 | 110千 | |
| 书　　号 | ISBN 978-7-5552-9294-4 | |
| 定　　价 | 39.80元 | |

编校印装质量、盗版监督服务电话 4006532017　0532-68068050

# 目 录
## Contents

目　录

目　录

# 前　言
## 你不是缺思考，而是缺复盘

你是不是也经常遇到以下问题：

**成长缓慢**：毕业 3 年，同龄人已经爬到很高的位置，而你还在原地徘徊。最要命的是，你竟然不知道这中间到底发生了什么？

**职业倦怠**：许多人到 35 岁以后，不管承认与否，不管有没有意识到，职业倦怠都会悄然而至，甚至很多人在一个岗位上工作 2～3 年就会出现职业倦怠。"我不想上班"的想法挥之不去，那么该如何自我调整呢？

**能力陷阱**：擅长的工作做久了，在一定程度上就形成了依赖，成为自身发展的制约因素。于是，"35 岁现象""中年危机"不请自来。你曾经的优势，不再帮助自己披荆斩棘，那么你面对不确定性，如何才能体面地走完全场？

**人生瓶颈**：大多数人会遇到瓶颈，许多人用了各种方法试图突破瓶颈，但是瓶颈到底在哪里，到底是什么，大多数人并不知道，何谈突破？

**焦虑不安**：我们一天到晚都在忙，却不知道在忙些什么，好像什么都有了，又好像总是缺点儿什么。夜深人静时，内心总是无法安宁，有些问题总是无法找到答案，我们也不知道未来究竟该走向何方。

这些问题到底有没有答案？到底有没有最终的解决办法？

科幻美剧《相对宇宙》中有两个平行世界。A 世界的霍华德和 B 世界的霍华德均由老戏骨 J.K. 西蒙斯饰演。

A 世界的霍华德兢兢业业地工作了将近 30 年，天天都是同样的工作流程：他进入这栋大楼需要通过层层关卡，进去之后放下手机、手表等随身物品，然后换上工作服、拿上指定的公文包，最后进入一个有摄像头的小黑屋，和对面来自 B 世界的人各自朗读手头文件，若文件上的内容意思相近就在上面打钩。在某种程度上，双方就像在做试卷上的判断题。

A 世界的霍华德遇到了一件匪夷所思的事情，他看到了和自己一模一样的人——来自 B 世界的霍华德。

和 A 世界默默无闻的霍华德相比，B 世界的霍华德算得上是公司的高层，他知道公司的一些核心机密，并且相当毒舌，一直调侃 A 世界的霍华德碌碌无为，多年干着底层的工作。

A 世界的霍华德和 B 世界的霍华德有着相同的长相、相似的童年经历，因为成长过程中不同的选择而走向不同的道路，从而有了完全不同的结局。

这仅仅是虚构的故事，还是一种真实的人生？

其实，每个人的人生都有多种可能性，但是大部分人并不知道通往理想世界的密码。


## 破解：新的思维水平

爱因斯坦[1]有一句话：我们无法用"提出问题"的思维来解决问题。

---

1　爱因斯坦，全名阿尔伯特·爱因斯坦，20世纪伟大科学家、物理学家。

这句话是什么意思？如果一个问题对你造成很大困扰的话，以你当前的思维水平，你根本解决不了这个问题。因此，美国著名管理学大师史蒂芬·柯维才说，我们需要新的、更深层次的思想水平。只有如此，我们才有机会解决这个问题。

一般情况下，我们面对问题，都依赖于固有的思维模式，配合以前处理问题的经验和方法去处理问题。以这样的模式处理问题我们很难有新的思维，其结果就是，一个问题被处理来处理去，依然没有得到解决。

因此，解决问题的关键变成了提升人的思维水平，也就是所谓的认知升级。

猎豹 CEO [1] 傅盛提到过，认知升级就是成长。

学习、成长的本质从来不是知识量的积累，而是通过知识和经验改变个人的思维和认知。这并不是一件容易的事，它需要个人通过不断努力，完成自我意识的进化。量变引起质变是在人的自我意识得到进化的前提下发生的。

## 复盘：一种"更高层次的思考"

《原则》的作者瑞·达利欧说，大多数人犯下的最大的错误是没有客观地看待自己以及他人，这导致他们一次次跌倒在自己的弱点上。极少数人之所以能取得成功，是因为他们能够超越自身，能够客

---

1　CEO，全称 Chief Executive Officer，首席执行官。

观地看待事物，并洞察事物的真相。

因此，达利欧认为，真相——也就是精准地理解现实——是获得良好结果的重要根基。

那如何才能拥有这种超越自身、精准理解现实的客观视角呢？

达利欧的答案是"更高层次的思考"。他认为，人类最独特的能力是，只有人类能从更高的维度看待现实，并总结出对现实的理解。即其他物种都是按照本能生存，只有人类能够超越自身，在当时所处的环境和时间中看待自身。

实际上这就是自我反省的能力。跳出第一视角看自己，到更高的层次去观察自己，回到万事万物的原点去寻找答案，这也是人类自我意识进化的必经之路。好在人类本身就拥有这种进行"更高层次的思考"的能力，只是这种能力在每个人身上开发的程度并不相同。

联想的创始人柳传志就非常重视"更高层次的思考"能力，他称这种能力为——复盘。

柳传志说："在这些年管理工作和自我成长中，复盘是最令我受益的工具之一。"他曾经提到，想问题、做事情，要站在第三者的角度上。他第一次对此有感受，是刚从计算所出来办公司的时候。计算所有个副所长，工作很忙，压力很大。柳传志经常看见他在院子里散步，有一天他就问这个副所长为什么要散步。那个副所长说："当事情烦到一塌糊涂的时候，不如退出来，什么都不做，把整件事理一理、想一想。"

对此，柳传志很有同感："我刚刚办公司的时候，也有这种情况。下面一共十几个人，早上上班第一个人找我谈事，说了不到三句话，第二个人上来把第一个隔开，我就跟第二个人谈，接着跟第三个人谈，这就叫办公了。一直到第五个人以后，我回过头来一想，跟他们谈的事情与公司'吃饭'的业务都毫无关系，谈的都不是最重要的事，都不是我要做的事。"他还说："不管多忙都要形成一个习惯：一个礼拜要挪出半天，把做过的事情从头到尾想一遍。退出画面看画，只有真正做到了，才会让你看到更多。"

实际上，很多高手也有这样的习惯，他们会随时从自己所处的环境中跳出来，切换视角，对自己进行"监测"和"校正"。

美国跨界天后碧昂丝[1]也是一个鲜明的例子。她可以在舞台上忘我地表演，气场强大，像女王那样闪闪发光，与观众融为一体；也可以在演出结束后快速变成产品经理，成为一个冷眼旁观者，通过反复观看自己演出的录像带，找到自己需要改进和提升的地方，并及时记录在笔记上，再转交给自己的团队。

人生如戏，在我们入戏的同时，也要具备出戏的能力，成为一个冷静的旁观者。

### 你缺的不是能力，而是自我审视的习惯

有时候，我们缺的不是某种特殊能力，而是一种自我审视的习惯。

网球教练提摩西·加尔韦曾经在《身心合一的奇迹力量》一书中写过这样一个案例。

作者加尔韦一直在从事网球教练的工作。一个学员跟加尔韦反馈说自己的反手引拍有问题，总是把球拍挥得太高，并且至少有 5 位教练指出过他的这个问题，但他就是改不过来。

---

1　碧昂丝，全名碧昂丝·吉赛尔·诺斯，美国女歌手、演员。

　　加尔韦没有直接告诉他该怎么做，而是对他进行了一个简单的测试评估，给他喂了几个球，确认了他存在的问题。

　　接着，加尔韦把这个学员带到一个大镜子前，让他再次做挥拍的动作，并注意观察镜子里自己所做的动作。这个学员照做了，并且引拍太高这个问题再次出现。但这次他大吃一惊："哦，我引拍时球拍确实太高了，都高过我的肩膀了！"他的话不带有丝毫评判意味，他只是吃惊地描述自己看到的情况。

　　学员的表现让加尔韦也很吃惊。为什么呢？

　　这是你早就知道的问题啊，已经有5位教练曾告诉过你这个问题了，而且你自己也承认自己存在这个问题，那你为什么还那么吃惊呢？

　　显然，他并没有真正理解"引拍太高"的意思。这个学员虽然已经上过很多网球训练课程，但是他对于自己引拍太高这个问题并没有直接的认识。他的意识始终集中于评判的过程，他只是努力想纠正这种"差劲"的感觉，却从来没有认真感受过击球动作本身。

　　当这个学员再次挥拍的时候，他看着镜子里自己击球的动作，自然而然就放低了拍头，问题立刻就解决了。

　　事后这个学员很感激加尔韦，他说："我真不知该如何感谢你教会我的一切，仅仅10分钟，我在你这里学到的东西远远超过了上20个小时针对反手动作的训练课。"

　　加尔韦没有沉浸在学员的恭维当中，反问学员："我教给了你什么？"

　　学员足足沉默了半分钟也没法回答，因为加尔韦好像什么也没教自己，只是在旁边观察，只是自己比以前更努力地观察自己罢了。

　　实际上，有时不是你不知道答案，而是你没有进行自我审视。自我观察、自我审视、自我反省，就是一种复盘思维，它会让你看到自己的缺陷以及问题的关键所在，而后对自身的行为进行有效的干预和调整。

长此以往，养成良好的复盘习惯，你会发现在很多事情上，你获得了一个可供你自由解决问题的弹性空间，从此刻开始，你便拥有了对很多事物的掌控权。当你真的改变了，你眼中的现实世界就改变了。

### 不是思考，而是观察

人类拥有高于其他生物的思考能力，部分人甚至会把思考作为自己生存的唯一证明。在生活中，很多人遇到问题的时候会绞尽脑汁地反复思考，甚至关起门来琢磨得抓心挠肺，最后都仿佛能感觉到自己的脑细胞死掉一大堆，却不一定能想出个所以然。

实际上，我们若局限于思考本身，就很容易被固有的习惯所驱使，重复着朝相同的方向思考，却期待有不同的结果。

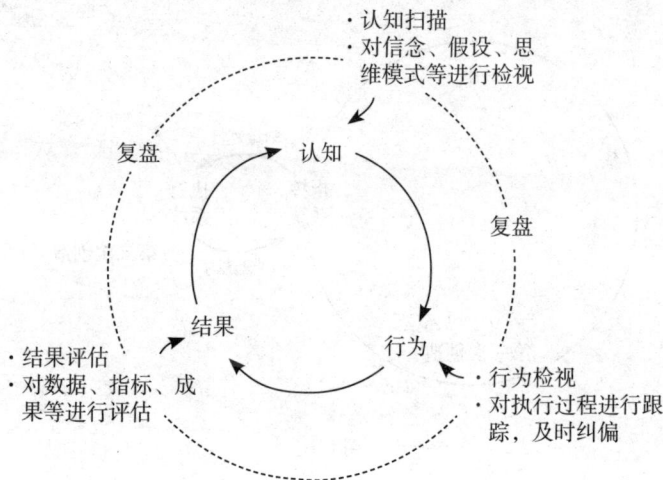

图 I-1

　　复盘、反思就是那个独立于外的观察者，它们最能洞察观察对象的真实想法，甚至有能力在潜移默化中改变观察对象的行为。因此，复盘并不等同于我们平常所说的思考，复盘可以说是思考的观察者——思考你的思考、观察你的思考。认知决定行动，行动决定结果。当结果没有达到预期，我们根据结果调整之前的认知，并进而优化行动执行的时候，这就完成了一个完整的学习过程的循环。在这个过程中，复盘就相当于一个观察者，它不断地从"认知决定行动，行动决定结果"的推进流程中跳出来，观察此刻行进的每一步是否存在问题，并能及时对执行人进行反馈，促进其调整改进。这就相当于在原来"认知—行动—结果"单向学习的基础上，增加一套"即时观察反馈"系统，这就是所谓的"双环学习"。

　　实际上，这套复盘体系是否能够稳健有效地运行，对于一个人的人生成就有着莫大的影响。

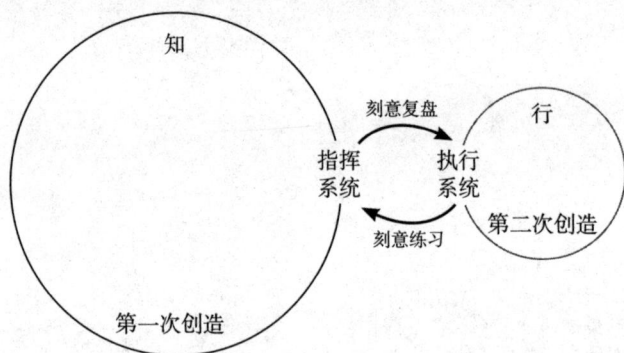

图 I −2

　　图中有两套系统，一套是执行系统，一套是指挥系统。执行系统包括听从指令、实施、取得结果，指挥系统主要负责考核、打分、评价、反馈，然后再将结果提交给行动系统去修正。简单讲，行动系统负责具体实施行动，评价系统负责问题的反馈。

这就像骑自行车，双腿负责蹬车，双手负责转动车把，身体负责保持平衡，大脑负责判断方向、速度以及平衡与否。如果方向有问题，大脑就会即时给双手传递信号，让其校正方向；如果速度有问题，大脑就会给双脚传递信号，让其调整速度；如果平衡有问题，大脑就会给身体传递信号，让其及时调整平衡。双手、双脚以及身体就是行动系统，大脑就是指挥系统。

复盘所起到的作用就类似于指挥系统，它以一定的频率为行动提供指导，为行动保驾护航，不断促进人生的迭代升级。


## 复盘，既要研事，也要"研己"

每日复盘这件事，笔者坚持了一年多，后来复盘成了笔者生活中不需要刻意为之的事。它帮助笔者更好地向生活学习，指出了很多之前笔者不曾留意的问题，让笔者能够更加清醒地活着。

笔者把复盘的概念分享给了更多的人和机构，带领更多的人用复盘的方法提升自己。在这个过程中，笔者见证了很多人的改变，通过这样一个小小的习惯，很多人能够自己找到问题，并自我改正，从而获得进步。

很多时候，我们都在研究外在的人、事、物，钻研一个课题，主攻一个领域，开拓一个项目，但我们很少研究自己。"研己"其实是最不能忽视的，中国古人说的"慎独""自省""反求诸己"，其实就是一种"研己"。

有人说中国有两个半的圣人，那半个圣人就是曾国藩[1]。曾国藩喜欢写日记，家书写了一大摞。他甚至把这些日记、家书看得比命还重要，每次行军打仗难免有遗失，他就会为此痛哭不已。而他的日记，其作用之一就是在"研己"：他抓住了生活中的细节，通过观察这些细节来改变自己，不仅要逐一反思自己的一些日常行为，还要反思自己的每一个想法。而这正是儒家《礼记·大学》中所提过的"修身"。

曾国藩用他毕生的实践证明，一个天资驽钝的人同样可以取得不俗的成就。他从小就想成为名垂青史的圣人，于是按照圣人的标准要求自己，每天写日记作记录，严格克己，与不好的起心动念作斗争，用意志力改掉身上的很多坏毛病，不断追求言行一致。在这个过程中，"研己"成了他重要的自我修炼方式。

曾国藩可以说是依靠中华传统文化修炼成才的典范，而在曾国藩之前，同样依靠中华传统文化走向人生巅峰的人，还有王阳明[2]。

阳明心学的主旨便是"致良知"。人人心中有良知，只要你依照良知去行动，自然就会无往而不利。"致良知"的修炼，少不了"省察克制""慎独"，也少不了"格物致知、诚意正心"。而这些就是曾子所谓的"反省"。

历史作家度阴山指出，王阳明的成功绝大程度上靠天资，曾国藩的成功绝大程度上靠后天努力。二者的成功，殊途同归，都在中华传统文化这块土壤上大放异彩。

---

1　曾国藩，中国晚清时期政治家、战略家、理学家、文学家、书法家，湘军的创立者和统帅。与李鸿章、左宗棠、张之洞并称"晚清中兴四大名臣"。
2　王阳明，明朝杰出的思想家、文学家、军事家、教育家。心学的集大成者，有《王文成公全书》传世。

"研己"无国界，日本经营之圣稻盛和夫[1]在著名的"六项精进"中提出，要每天反省。

稻盛和夫特别强调了反省，他每天都会不断自问：今天自己有没有让人感到不愉快？自己待人是否亲切，是否傲慢？有没有卑怯的举止，有没有自私的言行？

通过这样的一些问题，他不断回望自己，回顾自己的一天，对照自己的做人的准则，确认自己的言行是否正确。这几乎是稻盛和夫每天的必修课。

类似的例子并不少见，西方也有用类似的方式来自我修炼的人，比如富兰克林[2]。

富兰克林在年轻的时候曾给自己列出 13 项美德，并为每一项都附上了简短的定义：

> 节制：食不过饱，饮不过量。
>
> 缄默：避免空谈，言必对己或对人有益。
>
> 有序：你的一切应井然有序，一时一事都要有周全的计划。
>
> 决心：当做必做，做就要做好。
>
> 节俭：对人或对己有益才可花钱，决不浪费。
>
> 勤奋：珍惜光阴，做有益之事，避无谓之举。
>
> 真诚：不欺骗，有良知，为人厚道，说话实在。

---

1 稻盛和夫，世界著名实业家、哲学家。日本京瓷Kyocera公司以及日本第二大通信公司KDDI创始人。

2 富兰克林，全名本杰明·富兰克林，美国政治家、物理学家、共济会会员，大陆会议代表及《独立宣言》起草和签署人之一，美国制宪会议代表及《美利坚合众国宪法》签署人之一，美国开国元勋之一。

正义：不做不利于人的事，不逃避自己的义务。

中庸：避免走极端，容忍别人给你的伤害，认为那是你应该承受的。

整洁：保持身体、衣服和住所整洁。

冷静：不因小事、寻常之事、不可避免之事而慌乱。

节欲：少行房事，除非考虑到身体健康或延续子嗣。

谦逊：效法苏格拉底。

富兰克林提到，当他试图遵从这些美德的指导，以避免出现错误的时候，通常发现自己又犯了另外一个错误。"我很惊讶地发现自己的过失比想象中要多得多。"所以他决定像给花坛锄草一样，对于改正自己的错误，不求毕其功于一役，因为这完全超出了自己的能力范围。

于是，富兰克林弄了一个类似"功过格"的小册子，每周重点选取一个美德进行修炼，每天对照，并在小册子上记录下来，看自己是否严格遵循了这个美德所提出的行为要求。这样 13 周 1 个循环，1 年下来可以完成 4 个循环。

正如小说家劳伦斯[1]所言，富兰克林给自己列出了一系列美德，然后逼着自己践行，就像一个人非要戴着枷锁走路一样。在这一点上，他和曾国藩一样，用的都是"笨"功夫。

而他们所做的都是通过"研己"来省察、克制。《富兰克林传》中，富兰克林期望通过努力完善自我的激情，这正是美国的魅力所在。由此可见，虽然东西方文化之间存在很大差异，但还是有很多相

---

1　劳伦斯，全名戴维·赫伯特·劳伦斯，20世纪英国小说家、批评家、诗人、画家。

通的地方，毕竟人同此心。

有趣的是，有传闻曾国藩年轻的时候也曾给自己列出过12项美德，每日勤加对照：

一、主敬：整齐严肃，无时不惧。无事时心在腔子里，应事时专一不杂。清明在躬，如日之升。

二、静坐：每日不拘何时，静坐四刻，体验静极生阳来复之仁心。正位凝命，如鼎之镇。

三、早起：黎明即起，醒后勿沾恋！

四、读书不二：一书未点完，断不看他书，东翻西阅，徒徇外为人，每日以十页为率。

五、读史：丙申年购《二十三史》，大人曰："尔借钱买书，吾不惮极力为尔弥缝，尔能圈点一遍，则不负我矣。"嗣后每日圈点十页，间断不懈。

六、谨言：刻刻留心，第一工夫。

七、养气：气藏丹田，无不可对人言之事。

八、保身：十二月奉大人手谕："节劳、节欲、节饮食。"时时当作养病。

九、日知所亡：每日读书，记录心得语。

十、月无忘所能：每月作诗文数首，以验积理之多寡，养气之盛否。不可一味耽著，最易溺心丧志。

十一、作字：饭后作字半时。凡笔墨应酬，当作自己课程。凡事不待明日，愈积愈难清。

十二、夜不出门：旷功疲神，切戒切戒。

无论是富兰克林，还是曾国藩，在修身上用的都是相同的套路。

在笔者看来，复盘有三个依次递进的层次，分别是反观、反思、反省。

狭义的复盘仅仅是在反观、反思这两个层面上，广义的复盘还必须包括反省。

大多数人所说的复盘，更多的是指狭义的复盘，也就是反观和反思，很多甚至连反观都达不到。

反观是指收回目光以另一个角度去看自己，所谓"行有不得，反求诸己"，这个时候还没到寻找原因的时候，只是意识到要关注自我。

反思是在反观的基础上去探究问题的原因、查找漏洞，这时就开始有那么一点儿"反求诸己"的味道了。

反省是从事回到心，在起心动念上下功夫，就像曾国藩的"研己"、王阳明的"致良知"、稻盛和夫"作为人，何谓正确"的反躬自问一样，不断实修实证。

《礼记·大学》上讲："古之欲明明德于天下者，先治其国；欲治其国者，先齐其家；欲齐其家者，先修其身；欲修其身者，先正其心；欲正其心者，先诚其意；欲诚其意者，先致其知，致知在格物。物格而后知至，知至而后意诚，意诚而后心正，心正而后身修，身修而后家齐，家齐而后国治，国治而后天下平。"

按照阳明心学的理解，这里的格物，实际上就是"格念头""正念头"，物就是"念头"，让不正的念头正起来；"致知"就是"致良知"，到达良知，取用良知。良知自然知道什么是正的，什么是不正的，按照良知的指引去做，自然就不会错。因此，格物致知就是尧舜十六字心法"人心惟危，道心惟微；惟精惟一，允执厥中"的精髓，也是孔孟王道的心印所在。

反省所要做的事情，就是格物致知、诚意正心。由此我们知道，为什么稻盛和夫特意强调每天反省，因为稻盛同样是心学的门徒和传承者。反观、反思、反省这三个层次组成了"研己"的三个标准，而做好复盘必须做到"研己"。

## 一种新的思维模型：复盘思维

很多时候，与其说我们获得了知识，不如说我们通过一些思维模型学会了自我思考。

所以，在这本书里，笔者并不想简单地提供很多关于复盘的知识或者信息。笔者更想提供一些思维模型，让读者可以借助这些思维模型，对自己的工作和生活进行切实的思考。

首先，我们需要知道一个东西的全貌与整体，一个复盘的整体框架应该是什么样的。在笔者看来，至少包括三个方面：宏观、中观、微观。

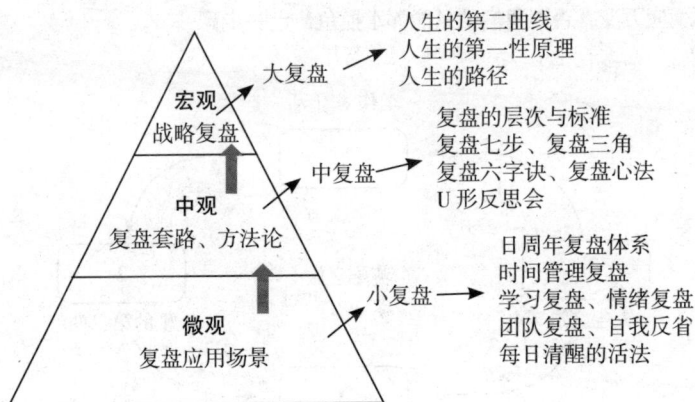

宏观
战略复盘 ── 大复盘 → 人生的第二曲线
人生的第一性原理
人生的路径

中观
复盘套路、方法论 ── 中复盘 → 复盘的层次与标准
复盘七步、复盘三角
复盘六字诀、复盘心法
U 形反思会

微观
复盘应用场景 ── 小复盘 → 日周年复盘体系
时间管理复盘
学习复盘、情绪复盘
团队复盘、自我反省
每日清醒的活法

图 I −3

在宏观层面，复盘关注的是整个人生，包括人生的战略与哲学，探究一个人安身立命的根本。因为复盘同样要回答你是谁、你在哪里、你要往哪里去这三个终极问题。不然，复盘就会沦为一种"小计"，只见树木不见森林，导致以偏概全（把局部当成全部、把现象看成本质）的问题。

复盘就像一颗果实，其外壳是复盘的动作与行为，内核是复盘思维。我们重点借助约瑟夫·坎贝尔的"英雄之旅"的模型，去看这个世界上的高手们，他们都走过了怎样的人生旅程，这样的旅程对于普通人的意义在哪里，今天的我们又如何跟这些高手同行。

为此，我们研究了古今中外近百名各个领域的高手，试图集中展示他们的成长路径，寻找千变万化的背后，那些成就高手的不变因子。同时，我们会借鉴理查德·福斯特、埃弗雷特·罗杰斯、查尔斯·汉迪、杰弗里·摩尔、李善友等国内外名人，对第二曲线、第一性原理、卓越绩效、创新扩散、跨越鸿沟的最新研究成果进行探讨，探讨如何通过寻找人生的第一性原理，从而开启人生的第二曲线。世界虽然错综复杂，但是在一片混沌当中也有一片净土。人生只有抓住不变的东西，才能以不变应万变，否则我们就只能浑水摸鱼，走一步算一步。

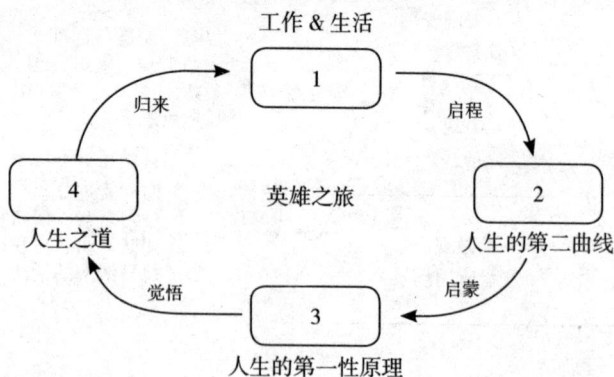

图 I-4

为此，我们将人生的路径分为四个部分：首先，我们从当下的工作和生活中出发，探寻人生的第二曲线，放弃存量思维，拥抱增量思维；其次，通过各种考验，我们完成人生的启蒙，抓住第一性原理；再次，我们要去寻找一种觉悟，与道同行，活出属于自己的人生之道；最后，我们返回到自己的工作和生活，并把自己的领悟分享给更多的人。

在中观层面，我们将探讨复盘的套路和心法，包括复盘的层次与标准，复盘的步骤、心诀，等等。

中观层面中，个人复盘的通用套路是"复盘三角"，它包括三个步骤：记录、反思、提炼。这个套路经过反复验证，被证明是最有效且最简洁的。团队复盘和个人复盘有所不同，其通用套路是"U形反思会"，通过走一套完整的流程来达到团队复盘的目的，这会涉及流程引导者的角色，更适合线下操作。

在微观层面，我们会逐一来展示复盘的各种应用场景，提供每日复盘、每周复盘、每月复盘、每年复盘的框架。还会针对学习管理、时间管理、情绪管理、团队管理、自我反省等场景提供复盘的应用方法，让你能够把复盘与自己的学习、工作、生活结合起来，从而做到"为我所用"。

以上统称为"复盘的三观"，为了方便理解和记忆，不同层面的复盘又分别称为小复盘、中复盘、大复盘。小复盘更关注细节，大复盘更关注全局；小复盘更关注方法，大复盘、中复盘更关注心法。当然，这种分类也是相对的，不可绝对化，小复盘有时未必真的"小"，比如年度复盘；大复盘有时未必真的"大"。关键要从大处着眼、小处着手，不然就会沦为好高骛远的空谈派。

市面上大部分关于复盘的书籍，是从组织层面切入的，只见组织，不见个人。本书反其道而行之，从个人层面切入，并延伸到组织。我们认为，复盘首先是一种个人行为，然后才是一种组织行为。通过多年的复盘实践，我们发现，没有个人复盘，就没有组织复盘，个人复盘应该先于组织复盘。


## 你，才是密码

《小王子》里说，只有用心灵才能看得清事物本质，真正重要的东西是肉眼无法看见的。

通过持续复盘，不断去看自己、看生活，慢慢地，我们看问题的能力会有所提升。这种提升依靠的不是积累的知识、广博的见闻，而是心力。

心明才能眼亮，人的洞察力并非来自眼睛，而是来自心灵。

《庄子》中有一个梓庆削木的故事：

> 梓庆削木为鐻，鐻成，见者惊犹鬼神。鲁侯见而问焉，曰："子何术以为焉？"
>
> 对曰："臣，工人，何术之有？虽然，有一焉。臣将为鐻，未尝敢以耗气也，必齐以静心。齐三日，而不敢怀庆赏爵禄；齐五日，不敢怀非誉巧拙；齐七日，辄然忘吾有四枝形体也。当是时也，无公朝，其巧专而外骨消。然后入山林，观天性。形躯至矣，然后成见鐻，然后加手焉。不然则已。则以天合天。器之所以疑神者，其是与！"

这段话的意思很好懂，但是文字背后的深意却不好懂。

梓庆的作品之所以能够"见者惊犹鬼神"，是因为他去除了自己的私心杂念，通过斋戒让心静了下来。他斋戒三日，把担心作品做得好与不好的"利"放下；再斋戒五日，把担心作品被人称赞还是诋毁的"名"放下；再斋戒七日，把自己也忘掉，然后只带着一颗空灵纯粹之心开始上山干活。

**真正的用功，是提升自己的心，所谓心上七分功、事上三分力，一颗空灵纯粹之心，或许才是成就一切的根本。**

中国人向来以勤奋为美德。我们在自己的日程表上添加待办事项，花费大量时间去处理一件事，我们披星戴月夜以继日废寝忘食，我们把这个叫努力。但是，这只是在"事"的层面。

实际上，在"事"之上，还有一个"心"的层面。

人做每一件事，情绪感受总是如影随形，手上在动，心上也在动，每时每刻对于心的观照就是一种修炼，这叫心上用功。

比如扫地，扫地并非简单地清理垃圾、去除灰尘，它也是一种深层的心理活动。人做任何事情，外在行为和内在心理活动都是一体的，这就叫"心事一元"。

"心事一元"是日本创立扫除道的键山秀三郎提出来的，他认为人在做简单事情的过程中，也能达到高深的造化。扫除既是清洁物理世界的行动，也是连接心灵、去除心灵污垢的载体。

当你扫地的时候，你是心甘情愿地扫地吗？你都有哪些念头？当遇到缝隙、犄角旮旯儿的垃圾时，你能弯下腰甚至是跪在地上好好整理干净吗？你扫地时，很高兴吗？当你看到别人好像都在干高大上的事情，而你却在一个角落里扫地，你会有烦恼吗？

你的内心会不会有一股浮躁之气？你的内心对扫地这件事会保有谦卑和恭敬吗？

**时刻观照你的这颗心，这就是真正的用功，也是你真正不同于他人的方法。**

所谓人生最难事，弯腰甘当扫地僧。做事容易做人难。

真正的修炼不是针对手上的那些事，而是针对这些事背后所反映出来的起心动念，而这些才是复盘的重点。

传统的复盘培训、书籍关注的重点是"事"，关注的是寻求方法。本书不同的地方在于，更关注事情背后的人，更关注人的起心动念，我们不仅会讲复盘的方法，更会讲复盘的心法。

我们习惯于搜罗各种各样的新词汇、新概念，我们喜欢累积一大堆的知识和信息，而真正的功夫与这些都无关。

一个求道者请教师父，如何才能突破自己的瓶颈。

师父拿出一根筷子，放在桌子上。他告诉弟子："大部分人在一个平面上努力，不管付出多少精力，都依然是在这个平面上。"然后，师父把筷子竖起来，继续说："但是真正的高手，他懂得垂直攀登，因而很容易超越普通人，获得普通人难以企及的成果。"

如何垂直攀登？这个密码在哪里？

或许密码就是你的心，就是你这个人本身。

你是谁，你是一个怎样的人，你就会遇到什么、拥有什么，活出怎样的人生。神话学家约瑟夫·坎贝尔说："终极奥秘就在你的身体里，你就是终极奥秘。"

# 01

## 第一章
## 与这个世界上的高手们一同进化

在宏观方面，复盘思维关注的是一个人的整个人生，包括人生的战略与哲学，以及人安身立命的根本。在千变万化之中，人生不变的是什么？高手们的成长路径有没有规律可循？人生如何从第一曲线走到第二曲线？

## 第一节 人生的两条曲线：成长的本质是思维通道的改变

老子说："知者不博，博者不知。"

黑格尔[1]正好有一句话，可以印证老子的观点，他说："博学绝不是真理。"

老子和黑格尔的话都指向同一个方向：学习成长的本质从来不是知识量的积累，而是思维的改变（质的变化）。

在管理大师查尔斯·汉迪看来，思维的改变过程可以用一个图形来表示，这个图形就是"第二曲线"（见图 1-1）。

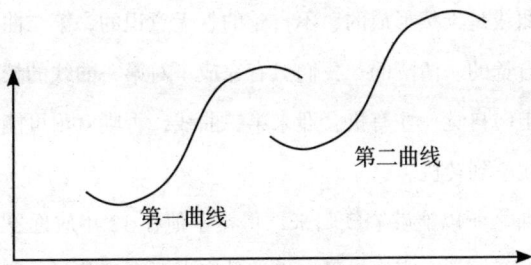

图 1-1 第二曲线

1 黑格尔，全名格奥尔格·威廉·弗里德里希·黑格尔，常缩写为G. W. F. Hegel，德国19世纪哲学家。

查尔斯·汉迪说:"任何一条增长的S曲线,都会滑过抛物线的顶点(极限点),持续增长的秘密是在第一条曲线消失之前,开始一条新的S曲线。此时,资源和动力足以使新曲线度过它起初的探索挣扎的过程。"

个体也是如此,如果我们能够走出自己的舒适圈,不断自我突破,找到自己的第二曲线,就能够持续地成长和进化。而我们要找到这条第二曲线,就必须和已有的惯性作斗争。重新审视原来让自己成功或失败的原因,跨越自己的"能力陷阱",才能走出一条新路。

雷军功成名就之后开创小米公司,罗振宇带领"罗辑思维"团队渐入佳境,吴晓波、秦朔、樊登等人从传统媒体人转向自媒体人,都是一种寻找第二曲线的行为,需要一种杀死存量的勇气。

史蒂夫·乔布斯的第一曲线是一个孤傲偏执、暴躁易怒、独断专权的独行者,最终被苹果公司的董事会赶出局,被放逐了12年。乔布斯的第二曲线,是他回归苹果公司之后,持续推出"i"系列产品,让苹果跃居全球市值最高的公司,演绎了现实版的"王者归来"。

第一曲线是天然形成的、不自觉的、无意识的,第二曲线是有意为之的、自觉的、清醒的。我们只有完成了对第一曲线的校正,只有从不自觉走向自觉,才有机会迎来第二曲线,否则就很可能会一条道走到黑,找不到转机。

乔布斯之所以能够霸气归来,得益于他在12年放逐岁月中的自我反省,他开始学会审视自己。而这种审视源自痛苦——这种痛苦不仅仅来自被董事会赶出苹果,更来自在NeXT的再次失败……

他不得不开始反省自身可能存在的一些问题,因而学会了一定程度的耐心、合作与让步,这是对他之前第一曲线的校正。如果没有这种校正,乔布斯还是之前那个乔布斯,他依然处于过去偏执、暴躁独断的恶性循环中。

我们看到，一个人之所以能够破局，走到第二曲线，源于对第一曲线的自我反省和自我审视。

这种自我审视、自我反省，就是一种复盘思维。

复盘可以让你看到自己的缺陷以及问题的关键所在，而后对其进行行为干预和调整，之后你会发现在很多事情上，你获得了一个可供自己自由解决问题的弹性空间——从此刻开始，你便拥有了对很多事物的掌控权。

从第一曲线到第二曲线，不是物理空间的变化，而是思维空间的变化，是思维通道的改变。而改变思维通道并不是一件容易的事，它需要自我意识的进化。或者说，思维通道的改变，是在人的意识得到进化的前提下发生的。

人和动物的区别是什么？

答案是自我意识。

就像大哲学家尼采所说的那样：看看那些吃着草走过的牧群，它们并不知道昨天或今天的意义，只是非历史地活着。

人有自我意识，能够知道存在的意义，有反思的能力。人有了自我意识，有了记忆，有了反思，才有了《人类简史》里提到的"虚构故事"的能力，后来创造了语言和文字，形成了逻辑思维，才让人成为这个地球上的高等物种。

人的进化，说白了就是自我意识的进化。

那么，我们如何进一步促进自我意识的进化呢？

方法就是自我观察与自我审视。

自我观察，就是把自己作为研究对象，摒弃主观偏好，对自己的情绪、想法、感觉、记忆等进行剖析和审视，从而获得一种准确认知自我的行为。

中国传统文化所讲求的正是这种自我观察与自我审视。古代的士大夫们总是高度关注修身，而修身的根本就是曾子说的"吾日三省吾身"，自己观察自己，自己研究自己。

美国硅谷流行的正念练习中有个很重要的部分，是以一种有距离的方式去审视内心，形成第三方的视角，培养的也是自我观察的能力。

西方学者布劳沃指出，没有自我审视，人就不会有所成长。

因此，自我观察、自我审视给我们带来了一种觉知的空间。人处在这觉知空间里，顿悟得以发生，认知和思维通道得以改变。这种改变，就是成长。

**复盘和反思，本质上来说，就是一种自我审视和自我观察。**

复盘正是通过自我审视、自我观察，不断促进自我意识的进化，从而改变人的思维通道，带给我们真正的进化和成长，最终协助我们开启"第二曲线"式的世界（见图1-2）。

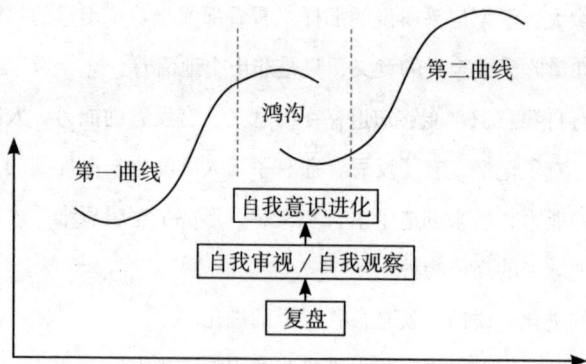

图 1-2 跨越鸿沟

　　猎豹CEO傅盛说，所谓成长就是认知升级。笔者想说，所谓成长就是从第一曲线进入到第二曲线。

　　而我们要做到这一点，并没有想象中那么难，只需要做出小小的改变。

　　笔者曾经采访过一位金融行业的成功人士，向他请教，是什么让他能够闯出来，有没有哪件事、哪个行为或关键行动成为影响他命运的转折点，让他像滚雪球一样势不可当。

　　这位成功人士回答，如果有一个关键点的话，那么对他来说，就是他开始对自己所做的每件事情进行深入、系统的总结，这一行为使他获得了反思自己的能力。哪些事情做得好，哪些事情做得不好，他从开始纠正一个坏的行为到慢慢地培养一个好的习惯，他觉得正是这些不起眼的总结习惯让他不断前进。

　　他还提到，并不是说做了哪件事情或者有了哪种行为，就可以一劳永逸。他做了很多事情，而且和平常大家做的事情都一样，但是他能系统且深入地总结事情发生时的每一个细节，让自己对这些事不断进行反思。这个行为让他慢慢地一点儿一点儿赢得了优势。

　　这让笔者想起了马云在一次演讲中提到的几句话，他说，人与人之间相差的真不多，90%的人重复着99%的错误，只看你会不会反省。除了不断努力、付出，不断提高自己的能力，我们也要及时从自己所做的事情中抽离出来，从自己当下的情境、环境中跳出来，好好审视一下自己，我做的事情到底对不对？这么做到底有没有效果？我是不是在做最重要的事情？

　　**有时候，我们缺的不是某种特殊的能力，而是有没有自我审视的习惯。**

## 第一曲线：人生的困顿与瓶颈

任何曲线都会有顶点，也就是所谓的极限点（见图1-3）。理查德·福斯特在《创新：进攻者的优势》中指出，如果你此时正处于人生的极限点，无论多么努力，也不可能进步。极限点是任何S曲线都无法逃脱的命运。

极限点（瓶颈）

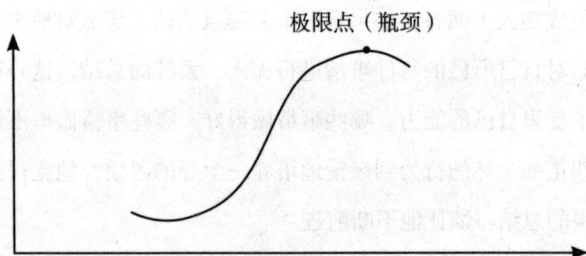

图1-3 极限点（瓶颈）

这个极限点，对个体来说，其实就是瓶颈。

每个人都会遇到瓶颈，不管你是普通的上班族，还是大企业的董事长。那么这些瓶颈到底是什么呢？

如果你不知道自己的人生瓶颈是什么，也不知道这些瓶颈正处在你人生的哪个阶段，那么你就很难走出瓶颈。

很多人在遇到人生瓶颈的时候，会到处学习，参加各种各样的培训班，进入新的圈子，采用各种各样的新工具、新方法，试图寻找一些"灵丹妙药"。这种试图改变现状、打破困境的初心是好的，但结果往往事与愿违。

为什么呢？

因为他们自身没有发生根本的性质上的改变，他们不在源头，也就是不在自己身上下功夫。他们不期望改变自己（内在），转而寻找更好的工具、方法、流程（外在），希望这些外在的东西可以改变因内在而导致的现状，其实是舍本逐末。

大部分人就是如此，**人人都渴望成功，但很少有人真的希望改变自己。**

他们在有意或者无意中希望以一个不变的"我"，去达到无穷无尽的目标，这是不太可能的。

人没有改变，目标也没有改变，怎么可能到达新的彼岸呢？

人要想改变，就要在自己身上"动刀"，这才是最难的。

那人怎么才能改变呢？什么才叫"洗心革面"呢？

实际上，改变不是给自己增加什么，而是去掉什么。

正如《道德经》所言："为学日益，为道日损，损之又损，以至于无为。"

学习知识，可能需要博学，越多越好，但是个人改变，需要"损之又损"。就像加工大米过程中的筛选过程，去掉糟糠，把洁白的大米留下，这个过程就是"为道日损"。

那又要损什么呢？到底是什么东西阻碍了自己，从而需要把它们去掉呢？

我们需要去掉的就是不切实际的欲望，或者说是小我。小我即瓶颈。真正的阻碍，是我们身上的那些所谓的贪、嗔、痴、慢、疑，是这些东西让自己越往前越被动。只有去掉小我，人才有改变的希望。

那什么是小我呢？小我都有哪些表现形式呢？

比如说傲，就是一个小我。

王阳明说："人生大病，只是一'傲'字。""今人病痛，大段只是傲。千罪百恶，皆从傲上来。"王阳明在家书《示弟立志说》中提到了八颗心——怠心、忽心、燥心、妒心、忿心、贪心、傲心、吝心，这八颗心代表的就是小我，就是我们要想办法"损之又损"的东西。

稻盛和夫说，要每天反省。反省什么呢？最基础的内容就是反省这八颗心。

我们每天在做复盘的时候，其实也要好好问自己：我今天有怠惰之心吗？我今天做的这件事是不是很随意？我今天为什么这么浮躁？我今天有没有妒忌他人？现在的我，在生活上是不是太贪图享受了？我为什么会这么看不上别人所做的事，我的内心里是不是有一颗傲心？

我们只有这样每天不断反省自己，去掉这些阻碍自己前进的拦路虎，才有可能打破自己固有的惯性，脱离瓶颈，保持进步。

## 局与破局

小我的存在，会导致人或早或晚、或大或小遭遇瓶颈。正如一条曲线到达极限点以后，无论你投入多少资源，其发展趋势依然会直线下降。

为什么会出现极限点呢？其底层逻辑源于"熵增定律"。对人来说，这个熵来自哪里呢？就是来自小我，无数的小我，让人逐渐处于一种封闭的循环当中无法自拔。很多人以为自己没有达到目标是时间不够、知识不够、能力不够等因素造成的，所以他们会努力去管理时间，不断给自己增加知识量，一年看 10 本书、100 本书，学营销，学文案，学品牌，学战略，学写作……

其结果依然可能是"老鼠跑滚筒"。虽然我们一直在努力，但是无数次的努力之后，我们发现生活似乎陷入了一个死循环：工作换来换去，处境依然如旧；学来学去，成绩依然如旧；人际相处，依然延续固有的模式，瓶颈依然存在，问题依然无解，动力依然不足……

这非常像电影《土拨鼠之日》中的角色菲尔。菲尔是一个在镜头前风趣幽默的人，但事实上他是对工作感到厌烦的气象播报员。

有一年的 2 月 2 日，他按照惯例在一个边境小镇报道当地的土拨鼠日庆典活动，没想到那一天竟成了他人生中"最难忘的一天"。他被困在了 2 月 2 日，时间就这样永远停在了 2 月 2 日，他每天醒来都是土拨鼠日。

其实，这是一个巨大的隐喻：日子就是不断重复的。有人说，一年不是 365 天，而是相同的一天被重复了 365 次而已。有些人的一生都是如此。

于是有人慨叹命运，有人抱怨父母，有人选择沉沦……人生，如何才能破局？如何才能反转？

我们不如把自己所有的"求"都放下。就像菲尔那样，他最终改变了自己，改变了对待这个世界的方式，他修复了自己跟这个世界的关系。他不再自负，开始友善待人，开始帮助那些需要帮助的人，甚至是无家可归的人……最后菲尔成了一个"被需要"的人，成了一个受欢迎的人。任何一个有价值的人或者企业，都是"被需要"的，都是前途无量的。

那么，是什么挡住了我们前进的脚步呢？答案依然是小我。

对菲尔来说，自视甚高是小我，厌倦工作是小我，目中无人是小我，待人冷漠是小我……

经历了撕心裂肺的痛苦甚至欲死不能之后，他改变了自己。他的心开始变得柔软，他不再自负，他变得友善，他开始拥有一颗服务他人和社会的心，他的大我体现出来了。

人只有放下了小我，大我才会呈现出来；大我呈现出来，爱就会自然流露出来，做贡献犹如水到渠成。自此，你的人生境界和格局就会不同。

## 第二曲线：一切皆有可能

斯蒂芬·茨威格说："一个人生命中最大的幸运，莫过于在他的人生中途，即在他年富力强的时候发现了人生的使命。"

这句话鼓舞了很多人，对雷军来说也非常贴切。他在 18 岁的时候，就找到了人生的使命，在 37 岁的时候推动金山上市，在年富力强的 40 岁创办了小米。

雷军从一个程序员，到职业经理人，再到投资人，最后创办小米，开启手机及其相关产业链，他一路走来，一直在跨越一条又一条的人生曲线（见图 1-4）。

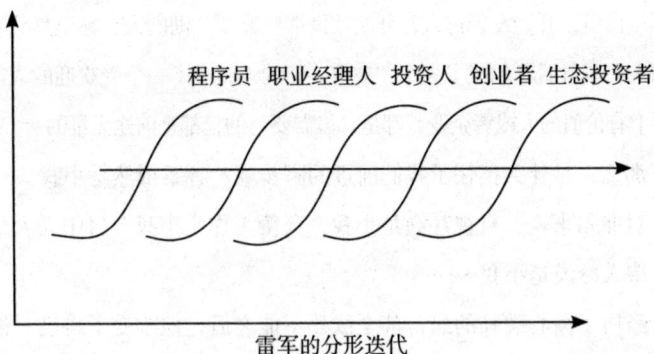

程序员 职业经理人 投资人 创业者 生态投资者

雷军的分形迭代

图 1-4 雷军的分形迭代

**高手们的分形迭代**

混沌大学创办人李善友教授根据分形理论，提出了"分形创新"的概念。他认为，企业的创新并非简单遵照多元化发展的结果，而是企业在自有的第一曲线基础上，经历无数个次级曲线不断演化的结果。

分形是企业组织发展自己的第二曲线的独特方法，也是个人寻找自己的第二曲线的核心抓手。分形创新的本质是迭代和进化，因此，这种用分形的方法来建立并发展个人第二曲线的方法，笔者更愿意称之为"分形迭代"（见图 1-5）。

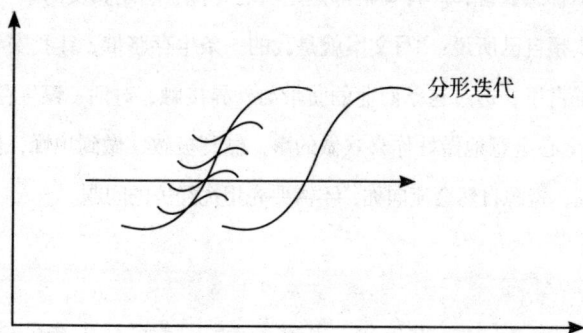

图 1-5　分形迭代

作家李欣频的人生之旅，就是一个分形迭代的极致典范。

她大学读的是广告系，大学毕业以后应聘诚品书店，因为她的一篇文案，成为诚品特约文案，她在诚品这一做就是 20 多年。后来，在广告文案的基础上，她开始大量地写专栏，写书，写影评，讲课，旅行，成就了自己的多元身份（见图1-6）。

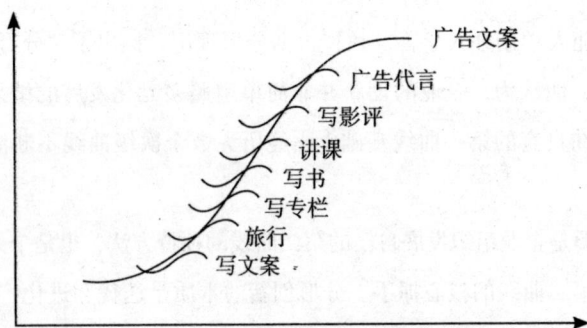

图1-6　李欣频的分形迭代（1）

但不管怎么说，广告文案都是她当之无愧、名副其实的第一曲线。
正如李欣频自己所说："写文案就是我的一条生存脐带，让我安心躲在
创作的子宫里，透过这条商业的脐带与外界接触、对话、谋生存。"她
还说："全心全意地做好你喜欢做的事，做到极致，做到顶峰，做到能
见度最高，资源自然会流向你，不需要先担忧经济的问题。"

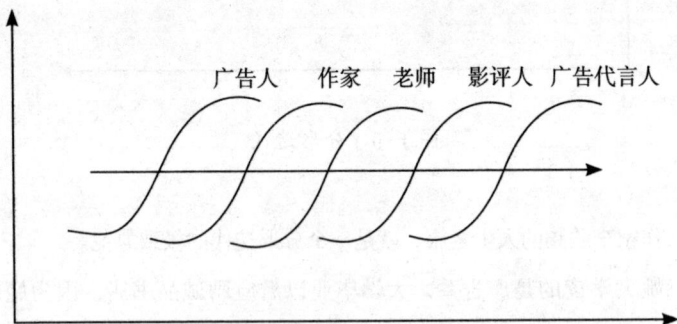

图1-7　李欣频的分形迭代（2）

　　我们可以看到，在第一曲线广告文案之外，李欣频的分形迭代上有无数条第二曲线，而且都是自然而然存在的（见图1-7）。当年，她不断写专栏，写书，写影评，讲课，旅行，就是在自己的第一曲线上不断进行各种类型的次级创新，然后到了一定的阶段，这些次级创新全部开花结果。这是一个自然演化的过程，就像草木生长出枝叶、花朵一样，是一个一个长出来的。

　　人生的路径该如何展开，大家在李欣频身上可以找到方向。像罗振宇、樊登、王凯等人，他们原来都是央视的主持人，主持、制片是他们的第一曲线，或者说媒体人身份是他们的第一曲线，在这条曲线的基础上，他们充分利用媒体人多才多艺、见识广博、思维丰富的特点，慢慢有了自己的第二曲线（见图1-8）。

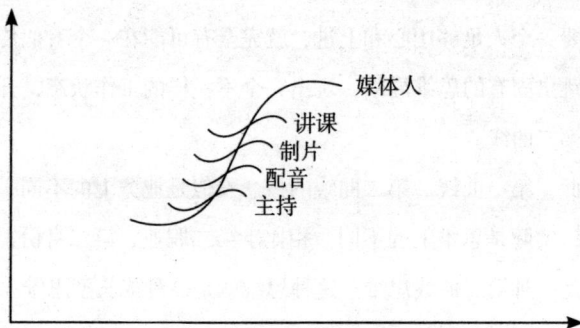

图 1-8　媒体人的分形迭代

2007 年之后，"斜杠青年"[1]逐渐成为一种风潮。很多人根据自己的兴趣和优势，发展了多种身份，并获得了多元收入。

斜杠青年并非就是简单地从事多个兼职，而是根据自身的特点，进行更充分的自我挖掘和自我发展，他们实际上就是分形迭代最好的证明。

斜杠青年提醒我们，上班族并非一定要跳槽才能获得更好的待遇，他完全可以通过自己手上的这份工作，涉足不同的领域，然后在多个领域夯实自己的技能。

以企业内部培训师为例，这个岗位其实涉及了大量的职能模块，比如需求调研、课程设计、讲课、教学管理、项目管理等。而一个优秀的培训师，可能同时还需要兼顾多种角色，比如教练、顾问、心灵导师、作者、产品经理、HR[2]政委等。从培训所涉及的基础内容来看，培训师的工作包括领导力、管理、基础技能、教育、学习等多个领域。这其中的任何一个点都有可能成为第二曲线。

只要一个人足够用心和上进，就完全有可能在一个看似传统的岗位上，跳出固有的思维局限，玩出完全不一样的工作状态，开发出他的多条第二曲线。

因此，第一曲线、第二曲线的概念看似是业务上的不同、身份上的不同，实际是思维上的不同。相比于第二职业、第二身份，我们更需要的是一种第二曲线思维。这种思维就是一种成长型思维。

---

1　斜杠青年，指不再满足"专一职业"的生活方式，而选择拥有多重职业和身份的多元生活的人群。

2　HR，Human Resource的英语缩写，即人力资源，全称人力资源管理，又称人事。

## 第二节 人生的第一性原理

有记者问一位企业家："你认为在未来 10 年内，什么变化最大？"

这位企业家回答说："这个问题问得不错。但是，我们有个更好的问题：在未来 10 到 20 年内，什么不会发生变化？"

只有找到万事万物背后不变的东西，找到事物发展变化的第一性原理，然后用理论去指导实践，才能慢慢改变我们的人生。否则我们只能依靠虚无缥缈的运气。

李善友教授在《第二曲线创新》中指出，我们每天总觉得世界在不断变化，沮丧、焦虑、抑郁、彷徨、睡不着觉，在很大程度上就是因为没有找到变化背后那些不变的东西，没有找到第一性原理。

第一性原理是一个原点，这个原点就是我们考虑万事万物的基本出发点。有了这个原点之后，我们做任何事情才有参照和标准，才能做到"念念不忘，必有回响"。

而要真正找到这个原点，我们必须首先弄清楚世间万物的本质和规律是什么，什么东西是这个世界所遵循的不变法则。

## "看不见的手"

亚当·斯密在《国富论》中，提出了一个著名的概念：看不见的手。

在市场背后，有一只"看不见的手"，主宰着市场的发展变化，这种不变是不以市场参与主体的意志为转移的。而在个人生存与发展的背后，其实也有一只"看不见的手"，这就是进化之手。

达利欧在《原则》中指出，进化是宇宙中最强大的力量，是唯一永恒的东西，是一切的驱动力。从最小的亚原子粒子到整个银河系，一切都在进化。他说，不进化就死亡。

从个体的角度来看，死亡是残酷的、可怕的，但是从宇宙、大自然的角度来看，死亡再正常不过；不仅再正常不过，而且是必需的、必要的，因为它符合进化的需要。正是一个个体的死亡，才形成了人类一代代生死迭代、繁衍传承的演化史。

在《第二曲线创新》中，李善友教授提出，如果任何一个种群长生不灭，大自然就会崩溃。天地是母系统，而万物是子系统。只有不断更新子系统，才能让整个大自然和谐发展。对"子系统"的个体来说，我们所要做的，就是达利欧所说的"不断进化，为整体进化贡献绵薄之力"。

在稻盛和夫看来，宇宙的形成过程就是一个进化的过程，从150亿年前的大爆炸开始，不断膨胀聚变，形成了现在浩渺的宇宙。稻盛和夫认为，这种进化不仅有达尔文所主张的生物的进化，也有"无生物的进化"，即宇宙间的一切事物都在进化。从科学的角度来看，宇宙中存在着一种"宇宙法则"，宇宙按照这种法则发展。

稻盛和夫说，与其说宇宙存在这样的法则，不如说宇宙间有一股潮流，它让一切事物不是维持现状，而是朝着发展的方向不断运动，也就是促使一切事物不断进化。宇宙间存在着一种"意志"，即促使万事万物生长发展、促进其进化的"意志"。

个体的进化本身，其实就是宇宙的进化。因为个体和宇宙是一体的，是不可分割的整体。由于存在"看不见的手"，个体进化本身不管从主观上还是客观上来说，都并非是为了自己，而是为了整体。人的进化只是万事万物进化的一部分，我们每个人的进化都只是在推动整个宇宙的进化，虽然非常渺小，但也不可或缺。

正是无数个体的共同进化，才推动了宇宙的最终进化。

老子告诉我们："天之道，利而不害；圣人之道，为而不争。"意思是，努力去推动人类的进化，而无须在意得失。人能做到如此，方是与道同行，因为"既以为人，己愈有；既以与人，己愈多"，你贡献越多，你的价值就越大；你付出越多，你的回报就越多。这是自然规律。在看得见的利益纠葛之外，有一双"看不见的手"在那里调节一切，所以你只管"利而不害、为而不争"，不用管结果如何，自然有人帮你争，自然有人负责回报。

**为了宇宙的进化、世界的进化、自然的进化、人类的进化贡献自己，这就是个体最根本的生存发展之道。这就是人生的第一性原理。**

## 王阳明的第一性原理

书评人樊登对《王阳明大传：知行合一的心学智慧》写的推荐词中有一段非常精彩的描述，点出了王阳明的第一性原理。

樊登说，圣人没有什么"私意"，私意重的人才会患得患失，才会怨天尤人，才会负重前行。圣人做事不是为了自己，因此也就没有什么好纠结和痛苦的了。这就是王阳明的第一性原理。

王阳明在龙场悟道时突然明白了对于生死的执着，其实是因为还有一个"我"存在，把这一点破除，不就是本自具足圣人心境吗？龙场悟道后，王阳明做事做人如有神助，原因很简单，一个没有私意的人是不会把时间浪费在情绪上的。这就是"圣人常无心，以百姓心为心"，圣人永远没有私心，把百姓的心作为自己的心。

以王阳明生擒宁王朱宸濠为例，王阳明的所有计策都是为了平乱，计策简单有效，既没有被自己的身份影响，也没有被个人的私事影响。他从良知出发，只关心每一个决策是否有助于平乱。而宁王的顾虑就比较多了，有对身边之人的怀疑，对南昌家产的贪念，对不利天象的恐惧。一个人要做事，却有那么多的干扰因素，而且每一个都被自己的情绪放大，最终失去控制，一败涂地。

正因为人有私意，才会受到各种干扰，不能制心一处、心无杂念地把精力聚焦在一件事上，不能从目的出发做到心无旁骛。如果人没有私意，没有"我"字，就会心无杂念、内心清净、心生万法，这就是王阳明所说的"不动心"。人做什么事，都从良知出发，一心为公，只问是非，不问得失，自然可以无往而不利。

就像稻盛和夫所说的，如果动机至善、私心了无，就一定会取得成功。

## 一粒种子

一粒种子如何才能长成参天大树？

除了种子本身的能量，它还需要大地、雨露、阳光等自然界的供养。

一个人如何才能成就一番事业？

除了这个人自身所拥有的才华、能力，他也需要与其他人产生联系。

一个人只有将自己和更广大的领域相连，然后贡献自己的力量，才能够产生更大的价值，让自己的人生得以升华。

个体是社会的一分子，承担着某种社会分工，有必要履行相应的责任，"为了某种特殊目的、使命和某种特殊的社会职能而存在"。如果人只有自己的私欲，心心念念的是个人的利益得失，完全没有社会、家国的概念，就是与整个自然规律背道而驰。

我们要从社会的角度去认识自己，去看待自身存在的意义和价值，找到个体安身立命之本。当然，这些都跟道德无关，这里笔者无意于鼓吹道德至上论。万科公司不做利润超过 25% 的生意，不是万科讲仁义道德，而是万科从失败中吸取了教训。万科在早期做过利润超过 200% 的生意，10 年后再去看那些生意竟然是亏损的。这就是市场的力量。

小米公司虽然将整体硬件业务的综合利润率定为不超过 5%，超出部分会回馈给用户，但也不是因为小米很高尚，而是它要成为中国的国民品牌，影响中国乃至世界工业。

真正有德的人，是根据自然规律行事的人，也就是我们所谓的"与道同行"的人。


## 服务即道

有一部来自阿根廷的动漫短片——《人性》，它还有一个名字——《雇用人生》，它获得了全世界 102 个奖项。

有人说这部片子讲的是社会分工，各司其职、恪尽职守；有人觉得去掉所谓的标签与帽子，身处不同社会地位的人，本质上并没有什么不同，人人生而平等；有人说这部片子反映了被物化、被工具化的人，他们每天就像牛马一样做着不知道有何意义的工作；有人号召大家勇敢地打破生活的壁垒，翻身做主人，寻找真正的人生。

这些想法各自从某一个角度出发，麻木、不开心、被物化等。作家章成也提出了一个引人深思的观点，他说："如果把所有角色都画上开心的笑脸呢？不用改动任何一个细节，就会出现另一番完全不同的景象，同一个故事里，人们感到无比幸福快乐的理由同样明显。"

这是一个人人为我、我为人人的世界观。每个人都乐意贡献力量、服务他人，也坦然接受着他人的服务；工作是一种被需要，而不是一种苦刑，没有高低贵贱之分，每一种付出都值得被尊敬。

《长勺寓言》中，地狱里的每个人都拿着一个超长的勺子喂自己吃饭，却总是喂不到自己的嘴里；天堂里的每个人也都是拿着一个超长的勺子吃饭，不过他们不是喂给自己，而是喂给对方，于是每个人都吃上了饭。

由此可见，在很多事上，我们只需要在内心深处做出小小的改变，让自己成为服务者，事情就会变得很美好。这样做，一方面是感恩自己成长过程中得到的服务，另一方面，也乐意成为无数服务者中的一员，贡献自己的力量，为他人，也是为自己的幸福、快乐添砖加瓦。

巴夏说："服务他人是最好的自我服务的方式。"因为你也在这个集体之中，所以，当你愿意尽你所能地来支持这个集体，那么集体进步的同时也会回报你的付出。当你不是仅仅关注自我时，你反而能更好地融入集体之中。

这就是那句老话——"帮助别人，你将获得十倍回报"——的起源。

给予，是疗愈自己的最好方法，也是提供选择，让他人能够自我疗愈的最好方法。这就是服务的价值，这句老话就是对服务本身的一种诠释：服务即道。

乔布斯的一段话，也充分诠释了服务的内涵。这段话被记录在《乔布斯传》中：

　　我的动力是什么？我觉得，大多数创造者想为我们能够得益于前人取得的成就表达感激。我并没有发明语言或数学；我的食物基本都不是我自己做的，衣服更是一件都没做过。我所做的每一件事都有赖于我们人类的其他成员，以及他们的贡献和成就。我们很多人想回馈社会，在历史的长河中再添上一笔。我们只能用这种大多数人掌握的方式去表达——因为我们不会写鲍勃·迪伦的歌或汤姆·斯托帕德的戏剧。我们试图用我们仅有的天分去表达我们深层的感受，去表达我们对前人所有贡献的感激，去为历史长河加上一点儿什么。那就是推动我的力量。

## 做一个服务者

稻盛和夫指出，如果说人生有不灭之物，那就是"灵魂"。作为人，蛋白质、碳水化合物等的组合，只是一种表面的现象，在此之下，人的核心表现为一种自我意识。这种自我意识，在稻盛和夫那里就是灵魂，在王阳明那里就是"心"。

人类进化的关键是自我意识的进化，也就是所谓的灵魂的进化、"心"的进化。

人与人本质的不同，是自我意识进化程度的不同，是心灵品质的不同，是灵魂质量的不同。

那怎样才能让这颗"心"变得不同，促进自我意识的觉醒，让自己真正变得不同呢？

答案就是服务。你并不需要躲到深山老林去打坐，也不需要寻找高深莫测的上师拜师学艺，你只需要做一个服务者。生活是最好的修炼场。

成为一个服务者，为宇宙的进化、人类的进化贡献自己，这就是践行人生第一性原理的最好的方式。

因此，遵照宇宙发展变化的基本原则做一个服务者，这就是我们最好的角色定位，也是成功实现人生跨越的底层规则。

# 第三节　人生的路径

## 英雄之旅

在每一个民族、每一个国家、每一种文明的发展历程当中，总有一些英雄，他们的出现改变了历史，或为历史的发展起了巨大的推动作用。

每一个英雄，无论是神话英雄，还是有血有肉的世俗英雄，他们的成长历史、发展轨迹有没有相同之处呢？

答案竟然是肯定的。

美国著名作家、神话研究领域的顶级学者约瑟夫·坎贝尔通过研究希腊、北欧、印度、埃及等全球各地的神话与宗教故事，在《千面英雄》中总结出了英雄的成长之旅，将英雄如何成为英雄的路径展示在世人面前。

这段路径一般包括几个阶段：

启程：英雄从现实的世界勇敢地进入超自然的神奇区域；启蒙：在那里获得了神奇的力量，取得了决定性胜利；归来：英雄带着这种力量从神秘的冒险之旅中归来，赐福于他的人民。这是每位英雄的必经之路。

最重要的是，英雄并不是一出生就是英雄，而是经历了以上各个阶段的历练以后，才成为人们心目中的英雄。

他们通常和普通人一样活在平凡的世界中，但是一种冒险的召唤打乱了他们正常的生活，他们在经历各种意外之后，终于踏上通向未知世界的旅程。

英雄们通常会在冒险之旅中经历一次或多次的失败，坎贝尔称之为"掉入深渊"，但是他们在经历一段时间的坚持后通常会"脱胎换骨"。在这个过程中，他们通常会顿悟，通过自己的人生经历体悟出成功的秘诀。

在英雄归来之后，他们通常会致力于回归世俗生活，并努力将自己通过百死千难领悟到的"恩惠"回报给更多的人。

"英雄之旅"给了我们一个巨大的启示：一个人要想不枉费这一趟地球旅程，就应该好好研读英雄们的成长路径，去规划自己的人生。

对照英雄们的整个人生历程，我们如何去打造属于自己的英雄之旅呢？

我们可能需要做如下几件事：

1. 启程：寻找自己的第二曲线；

2. 启蒙：发现自己的第一性原理；

3. 觉悟：践行自己的人生之道，然后"与道同行"。

据此，一条人生的路径便形成了（见图1-9）。

工作 & 生活

1

归来 启程

4 2

人生之道 英雄之旅 人生的第二曲线

觉悟 启蒙

3

人生的第一性原理

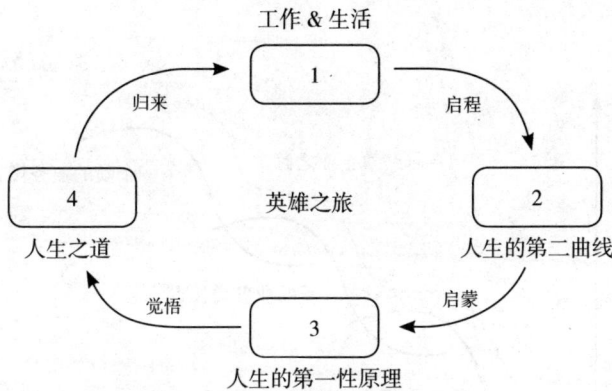

图 1-9 人生的路径

## 寻找自己的第二曲线

根据分形迭代的理论，当你身处第一曲线的时候，你要有意识地培养自己的"新的业务增长点"，只有未雨绸缪，将来才有可能出现第二曲线，否则第二曲线就如同无源之水、无本之木。

其实，你在向第二曲线跨越的过程中，在看得见的曲线背后，还有看不见的曲线，正是这些看不见的隐形曲线，促成了从第一曲线向第二曲线的跨越，这就是隐藏的 S 曲线。

## 隐藏的 S 曲线

《跨越 S 曲线》中提到，所谓卓越绩效企业是指努力攀至 S 曲线顶峰，然后跳跃到下一条曲线，如此反复，生生不息的组织（见图1-10）。

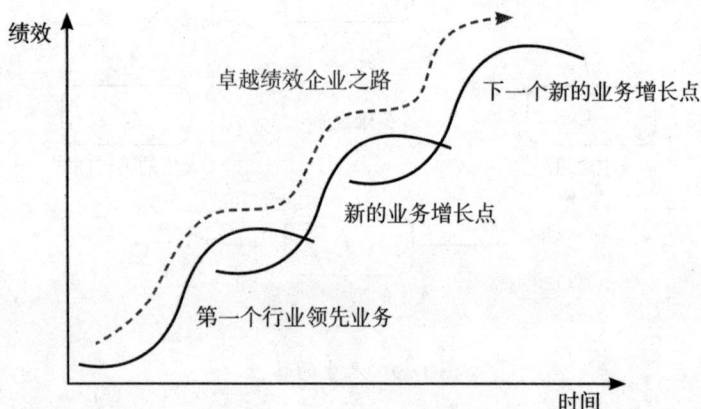

图 1-10　卓越绩效企业之路

那么我们该如何找到并跨越 S 曲线呢？这本书提到了一个概念：隐藏的 S 曲线。

也就是说，在可见的财务 S 曲线背后，隐藏着另外 3 条 S 曲线：竞争、能力和人才曲线。有卓越绩效的企业之所以能够不断成功地跨越 S 曲线，就是因为凭借其深刻的市场洞察力，在这 3 个方面采取了前瞻性的措施。

而对个人来说也是一样，在个体从第一曲线向第二曲线跨越的过程中，也同样有三条隐藏的曲线：洞察力、能力、圈子。个体能否及早布局这三条曲线，是能否成功的关键（见图 1-11）。

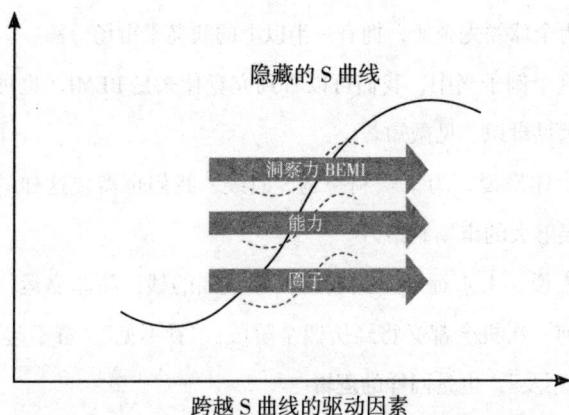

图 1-11　隐藏的 S 曲线

我们来逐一分析。

第一条隐藏的 S 曲线是足够大的市场洞察力（Big-Enough Market Insight，简称 BEMI）。这是《跨越 S 曲线》中提到的一个非常重要的概念。

什么是足够大的市场洞察力呢？洞察力也可以用足够大来形容吗？

当然，这里也有翻译的难处。足够大的市场洞察力，原文是既强调这种洞察力更长远、更深刻，同时也说明了这种洞察力能够带来足够大的市场机会。

书中举了一个例子：诺和诺德是一家全球性的医疗保健公司，它在很多年以前就预测到中国等新兴国家由于财富的增加、运动量的减少，人们罹患糖尿病的概率会大幅增加。"从现在开始的 20 年内糖尿病患者将达到 3 亿人，与如今的 1 亿人形成鲜明对比"，这就是他们的预测，凭借这一敏锐的洞察力，诺和诺德迅速从一个美国中型企业发展成为全球领先企业，拥有一半以上的胰岛素市场份额。

从这个例子当中，我们可以看到究竟什么是 BEMI，也可以简单称之为远见卓识、见微知著。

对个体来说，为了顺利跨越 S 曲线，我们也需要这样的 BEMI，需要有足够大的市场洞察力。

有人说，人永远赚不到超出认知范围的钱，除非靠运气。马云说，任何一次机会都必将经历四个阶段："看不见""看不起""看不懂""来不及"，也是同样的逻辑。

而马云本身就是一个拥有 BEMI 的杰出代表。马云的互联网之旅就是起始于 BEMI，此后，马云一次又一次捕捉到了 BEMI，阿里巴巴、淘宝、支付宝、阿里云一个接一个地出现。

可以说，每一次环境的变化、技术的变革、竞争的改变都会出现巨大的市场机遇，如果我们能提前预测或者及时把握这些机遇，都能给自身或者企业带来极大的机会。

第二条隐藏的 S 曲线是能力。

我们要想从一个曲线跨越到另一个曲线，背后需要有个人能力的支撑，这个能力可以是掌握某种技能，比如写文案、写书、写影评、写专栏的能力，比如演讲、辩论、讲课的能力，或者某种与众不同的心态。

最后一条隐藏的 S 曲线就是圈子。

人总是处在社会关系中，想做出一番成绩，大都需要接触他人。有时，你跟什么样的人在一起，就决定了你可能成为一个什么样的人。人们都说选择决定命运，我们在关键时刻怎么选择呢？大部分人会根据自己身处的环境来选择。

因此，你的身边都有什么样的人、所处什么样的社交圈就至关重要。很多时候，社交圈是隐而未现的，人身处一个圈子中甚至感受不到这个圈子的存在，但不可否认，社交圈会在潜移默化中影响一个人的思维方式和行为方式。

我们不可忽视社交圈在人生跨越当中的隐性作用，这也是一条隐形的 S 曲线。

## 发现自己的第一性原理

第一曲线和第二曲线之间并不相连，而是存在巨大的鸿沟。这条鸿沟更多的是一种思维上的鸿沟。

人生总是以你预想不到的方式展开，但看似错综复杂的表象背后，其实有着不变的规律。根据分形理论，我们知道，一条直线无限三等分之后，就会得到一个海岸线模型；一个蕨类植物不断反馈迭代，就可以得到一个完整的植物园，真可谓"一沙一世界，一花一天堂"。

只要找到万事万物背后的那个"一"，就等于找到了迭代和进化的密码。

这个"一"就是人生的第一性原理，是每个人从第一曲线跨越到第二曲线的底层通道。拥有了"一"就像人生拥有了指南针一样，不管是黑夜还是阴雨天，我们都能顺利找到前进的方向。

前面我们提到，人生的第一性原理就是为宇宙和人类的进化贡献自己的力量。但对每一个人来说，第一性原理的具体表述又是不同的。

对孔子来说，第一性原理就是"仁"；对老子来说，第一性原理就是"道"；对王阳明来说，第一性原理就是"致良知"；对任正非来说，第一性原理就是"以客户为中心"；对乔布斯来说，第一性原理就是站在科技与人文的交叉路口，打造伟大的产品；对稻盛和夫来说，第一性原理就是"作为人，何谓正确"，就是……

而你则需要在共性的基础上，找到自己的第一性原理，并依照这个原理，设计属于你的人生新曲线。

## 真正的成长与改变

要想找到适合自己的第一性原理，并从第一曲线跨越到第二曲线，你还需要做出改变。

以旧的思维方式很难让一个人走到新的目的地，这就是很多人到不了第二曲线的原因。

我们到底该如何做出改变呢？

要回答这个问题，我们必须回答，何谓成长。

**真正的成长是一种生命力的溢出和流淌。**

有的人一生的价值得到了充分的发挥，他们浑身充满着热情和能量，他们不知疲倦地投身于自己所热爱的领域。

有的人的价值还没有有效发挥，或者个人能力只是开发了一部分。他们没有什么生命活力，也不知道人生的路将走向何方，他们的心中总是充满了对未来人生这样那样的疑问。

如果说一个人个人能力变得更强了，那么一定是他的潜力得到了进一步的开发，他的活力、热情、能量、状态得到持续的提升。

为什么小孩子大多特别招人喜欢，举手投足都会让人开心？因为他们的生命力旺盛。

这种生命力来自哪里呢？

实际上生命力来自人的内心。人的心就好像是能量源、充电站、发动机，它能让人充满活力、生机勃勃。心灵纯净，人就充满了无尽的生命力。

《明朝一哥王阳明》的作者吕峥指出，无论身处何种时代、何种体制，无人能替你看顾你的心。此心光明了，世界便一同光明起来。因此，即便说"一生的结果皆出于心"亦不为过。

因此，如果想成长、想改变，我们首先要在"心"上努力，开发"心"的力量，在"心"上下功夫（见图 1-12）。

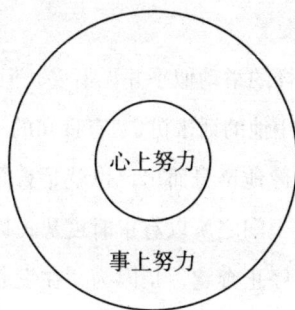

图 1-12 努力的层次

## 事上努力 vs 心上努力

我们先看一个真实的故事。故事的主人公是分众传媒的创办人江南春，故事的来源是自媒体左林右狸频道主笔胡喆的一篇采访——
《分众的有限边界和江南春的无限游戏》。

文中提到，2019年春节期间，江南春在上海浦东机场看到了非
常惊险的一幕：三位老太太正准备乘滚梯从上面下来，或许是因为站
立不稳，其中一位老太太身形突然开始晃动，继而摇摇欲坠，眼看就
要从滚梯上跌下来。

看到这一幕的江南春没有犹豫，他立即抛下行李箱，加速跑向
电梯的下端，他想跑过去接住那个可能从滚梯上滚下来的老太太。然
而，就在几步之间，高处的老太太似乎又站稳了，继而，她摇晃的幅
度小了，最后，她坐了下去。

对于这件事情，江南春事后发现："看着她快要稳住的时候，我
其实就不由自主地放慢了脚步；看到她周围的人也开始争相去扶的时
候，我的脚步彻底放慢了。"

在旁人看来，这样的举动似乎并无不妥，但江南春并不这么想，
反而对此懊恼不已。用他的话来讲，"有良知的举动"应该是看到旁
人有危险时，毫不犹豫地挺身而出，也就是直奔电梯而去，这应该
是下意识的举动。而中间之所以有审时度势，以至于放慢脚步，甚
至评估"无碍"后即停止奔跑，是因为"在发心动念之间，增加了
审度的理性因素，这种发心便是不完满的，这种内心的修养也是不
到家的"。

随后，在飞机上，江南春以这件事为切入点，检查自己心境上的
"不足和狭窄"，整整写了五页纸。其中，既有"为什么看到有人摔倒
不直接跑过去"这样的生活小事，也有"为什么这个广告价值观不正
确，但我们还是做了"之类的关于价值观的检讨……

对江南春来说，这不是偶然为之，而是这几年养成的习惯。这种

把对内心的省察用笔记录下来，并极其细致地拷问自己的做法，是江南春多年来学习王阳明心学的一个实践环节。

他之所以如此力学笃行，是因为他对"因果"的体味和敬畏。江南春说："**这个世界最大的真理就是因果。**"例如，你产生了一个念头，这个念头哪怕没有被付诸实践，但是念头本身所产生的对世界的能量，无论它是正是负，最终都会有对应的结果。

而所谓的因果，其实就是宇宙进化论的另一种表达方式，不管善与不善，其起始点都在于一个念头。有了念头，才有行为；有了行为，才有结果。或者说，念头决定行为，行为决定结果。有什么样的念头，就会有什么样的行为，就会产生什么样的结果。


## 念头—行为—结果

当结果不好的时候，我们一般会去检视结果，看这个结果出了什么问题。有人会从结果反推自己的行为，他们认为，结果之所以让自己不满意，是因为行为环节出了问题。他们会检视自己的行为，找出哪些是有效的、哪些是无效的。

从行为上下功夫，收效甚好，不过并不一定能彻底改变局面，有时人会陷在固有的模式当中无法出来。很少有人会在念头上下功夫。但行为的前面是念头，如果念头不改变，即使换了一种行为，结果还是差不多（见图1-13）。

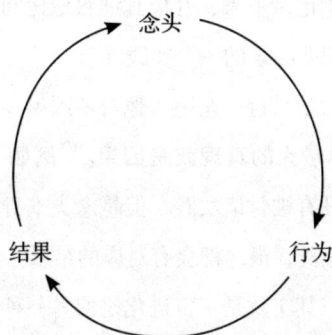

图 1-13 "念头—行为—结果"模型

念头是有能量的，你的外在世界一般都会是你的一些核心念头的折射，也就是说，你有着怎样的念头，就有着怎样的世界，这就是所谓的"一念一世界"。

很多人活在自己的世界当中，不断在结果上徘徊，不断在行为上挣扎，却从来不去尝试改变自己的念头。念头一旦改变了，行为和结果就会随之改变，这才是真正的改变。

说到这里，我们就基本回答了怎么在"心"上下功夫的问题。

所谓在"心"上下功夫，就是直接在念头上下功夫。因为"心"看不见摸不着，你不知道它在哪里，但是"心"可以表现为一个又一个的念头，念头是我们可以觉察和把握的。

因此，念头就成了自我修炼的重要抓手。

实际上，"念头—行为—结果"所要告诉我们的有两点：第一是在念头上下功夫，要从事上努力回到心上努力；第二是要学会改变念头，当念头改变了，问题就解决了或自动消失了，这就是改变念头的力量。

## 践行人生之道

当我们明白了人生的第一性原理，并且懂得在"心"上下功夫时，我们就会成为一个服务者。

改变从来不是在一夜之间发生的，雷军"九败一胜"，王兴"九败一胜"，乔布斯被放逐12年，孔子一生"惶惶如丧家之犬"。但从另一个方面来看，或许正是这些经历成就了他们。

这就是约瑟夫·坎贝尔提到的"掉入深渊"对于英雄的意义，即没有经历深渊，没有经历人生的至暗时刻，很难领悟人生之道。掉入深渊不仅对英雄、对高手有着独特的价值，对每一个普通人也同样有意义。

王阳明曾经说过："譬之金之在冶，经烈焰，受钳锤，当此之时，为金者甚苦；然自他人视之，方喜金之益精炼，而惟恐火力锤煅之不至。既其出冶，金亦自喜其挫折煅炼之有成矣。"

一块金子要遭受千锤百炼才能成器，这对金子来说，是经受磨难。但是冶金人却很高兴，并且还会担心火力不够、锤炼得不够彻底，因为只有如此才能得到一块上等的好金子。王阳明表示，他自己以前也是如此，有性情恃才傲物，后面虽然被世事磨去了一些棱角，但还不够彻底，直到在龙场的那三年，他遭受了很多苦难，才真正明白孟子所说的"生于忧患"的真正含义。

判断一个人的心性，不是看他在顺境中的表现，而是要看他身处逆境时的所作所为。在苦难面前，大部人会倒下，只有极少数人能够屹立不倒。龙场，成了王阳明从逆境困苦中重生的道场，成就了王阳明的"苦难辉煌"。

　　生活即老师，我们所要做的就是接受生活的磨炼与人生的洗礼。金之在冶，人则要浴火重生，然后方能活出不一样的人生。

# D2

## 第二章
## 复盘这件小事为什么对你这么重要？

复盘很小，小到似乎无足轻重；复盘很大，大到可以影响人生。人与人之间原本真的差不多，是什么导致了最后"差之千里"？人的经验是从哪里来的？知识是如何产生的？成长进化的本质是什么？

有一本书叫《沉思录》,作者是古罗马皇帝马可·奥勒留。古罗马的皇帝是怎么学习的呢?从这个书名我们可见一斑,沉思就是他学习的方式。

一个人抛开杂念进行沉思、反思,是体现其能力的一件事。

曾子就很善于反省自己,他的至理名言,相信大家都耳熟能详:"吾日三省吾身:为人谋而不忠乎?与朋友交而不信乎?传而不习乎?"

《原则》的作者达利欧就非常注重反思,他说"痛苦+反思=进步"。现实生活中,人在一定程度的痛苦中学习或工作将进步更快。所以,有一种状态叫健康地痛苦着。而反思就是把痛苦转化为喜悦的重要工具。

达利欧认为,真相,也就是精准地理解现实,是达成良好结果的根基。阻碍我们看到真相的原因都在我们自己身上:一是我们的自我意识,我们过于自大而看不到现实;二是我们的思维盲点,总有很多东西我们本来就看不到。

怎么克服自我意识和思维盲点这两个障碍,做到可以看到事情真相呢?达利欧认为,在我们的思维模式中,我要从说"我是对的"变成问自己"我怎么知道我是对的"。

稻盛和夫非常推崇反省,以至于在他的"六项精进"中专门有一条:要每天反省。他每天都会不断地自问:"今天有没有让人感到不愉快?待人是否亲切,是否傲慢?有没有卑怯的举止,有没有自私的言行?"

通过这些问题,不断回望自己,回顾自己的一天,对照自己的做人的准则,确认自己的言行是否正确,这几乎是稻盛和夫每天的必修课。

人有贪、嗔、痴、慢，一旦意识到自己身上有某个值得反省的点，就要直面自己，不断磨炼自己的心志，从而让自己的心灵得到净化。只有这样，人才能走出小我，拥抱大我，在自我进化的道路上行稳致远。否则，人跟动物又有什么区别呢？

实际上，这个世界上很多聪明人就是通过复盘、反思来提升自己的。

在一次战役中，就出现了厉害的复盘高手。

当时的一位司令员，每天都要求值班参谋汇报当天的战况和缴获战利品的情况。

有一次在听取战斗缴获战利品的汇报时，这位司令员突然叫停，问大家都听到了什么。

深更半夜，在场的其他人都没有任何感觉，因为大家觉得这只是再正常不过的一次缴获战利品的报告而已。

司令员指着地图对大家说，敌人的野战指挥部就在这里。

为什么？

他为什么会有这样的判断呢？

因为在值班参谋的汇报当中，这位司令员发现在当天的战场缴获的短枪与长枪比其他的战场略多，缴获和击毁的小车与大车比其他战场略多，俘获和击毙的军官与士兵也比其他战场略多。

据此，他断定敌人的指挥部就在那里。

果不其然，通过精心部署，正是在这位司令员所指定的地方，他们活捉了敌方将领。

你看，这就是复盘的威力。

如果没有复盘，战斗打完就打完了，大家也不会发现这场战斗的背后还隐藏着惊人的信息。

如今，我们对工作也要如此，不论是工作了 3 年还是 5 年，如果没有复盘，3 年跟 5 年并没有多大区别。在职场中，你会发现一个规律：通常刚参加工作的头一两年会学到很多东西，随后很多年都是在这个基础上循环而已。

很多人的工作每天看起来好像差不多，但每天又有很大的不同。有些人忙了一天，回到家往沙发上一躺就不想动了，刷刷手机，洗个澡，就睡觉了。一天过去就过去了，一年过去就过去了，所以很多年一成不变。而有些人回到家之后，能把一天的工作和生活梳理一遍，思考哪里做得好，哪里做得不好，然后不断地调整和修正。时间长了以后，人与人之间就会千差万别。就像马云所说的那样，90% 的人重复着 99% 的错误。人与人之间相差得真的不多，只看你会不会反省。

史蒂芬·柯维也说："如果想得到一个小改变，你只需从行为入手；如果希望看到真正的质的变化，请从思维入手。"

提升思维能力，复盘、反思是一种非常有效的方法。

## 第一节　照镜子：成大事者向自己学习

首先请大家思考三个问题：

1. 最近你工作上最大的进步是什么？你做了什么有了这些进步？

2. 最近你工作上有没有什么失误？这些失误可否避免？

3. 最近你有没有一些可以提高工作效率的方法？这些方法可以应用在哪些工作当中？

在职场中，大家可以清楚地看到一些人工作效率高，工作完成度也很好；另外一些人则工作效率低下，甚至反复返工还是无法达到预期。这两者的差别在于第一种人更善于学习和总结。

我们刚才问的三个问题，能立马回答上的人，就是经常复盘的人。这些人不断从工作中总结出一套适合自己的工作逻辑与方法，哪里做得好，就记下来，甚至思考是否可以做得更好；哪里做得不好，是什么导致的，下次怎么避免，正确的解决方案又是什么，需要哪些支援，等等。

这样不断地实践、总结、复盘，长期如此，那么一个人想不进步都难。这就是所谓向自己学习。

## 向自己学习

学习有 3 种方式:向书本学习、向他人学习、向自己学习。

什么叫向自己学习呢?

其实就是向自己过去的经验教训学习。

联想的创始人柳传志说:"我们向书本学习或向别人学习只占到 30%,剩下 70% 都是向自己学习。"向自己学习的方式,就是复盘、反思。柳传志非常重视复盘,他在联想大力推广复盘,复盘甚至成了联想的三大方法论之一。

拉卡拉的创始人孙陶然说:"如果说今天我有所成就的话,一半源于天资,一半源于复盘。"可见复盘的重要性。

向自己学习,就是通过过去的经历,向生活学习。生活是最好的老师,所谓"世事洞明皆学问"就是这个道理。

一天当中会发生很多事,我们的很多信念、假设、情绪、想法、模式事实上都隐藏在这些事件当中,所以我们要回到这些事件当中,仔细去看,仔细去审视,透过这些事件来反观自我。

这些事件就像一面镜子,如果没有这面镜子,你就很难看清自己。当你不断借着这面镜子去反思的时候,慢慢地,你就会变得更加有觉知,更容易辨别好的和不好的、有效的和无效的事情,进而有机会去调整和校正自己的行为。

不管怎么学习,向书学习也好,向别人学习也好,最终你都必须回到自身,把所学的东西消化、吸收、转化,最后改变自己。我们不仅要向外学习,还要向内学习,避免出现学而不化、学而不能、学而无用的情况。

## 雷军：用手术刀将自己解剖了一遍

雷军是非常有战略思维的企业家，从小玩围棋的他，对于自己的每一步都精于计算。不过，这并非一日之功。

2007 年 10 月，金山在香港上市。紧接着，在金山奋斗 16 年的雷军在金山极盛之时转身离去，真可谓"功成身退"。

虽然金山上市了，雷军也实现了财务自由，但是他心里并不畅快，想想自己带领团队日夜奋战，每天工作十七八个小时，人称"中关村劳模"，金山却 5 次冲击 IPO（首次公开募股），创立了 16 年后才好不容易上市，只换来 6.261 亿港元的市值。这与同年在香港上市的阿里巴巴的 15 亿美元市值天差地别，跟 2005 年在纳斯达克上市的百度的 39.58 亿美元市值相比更是差了十万八千里。

从金山离开以后，他做起了天使投资人，并不断反思自己在金山的工作经历，悟透了顺势而为，并找到了移动互联网的引爆点——手机，终于有了脱胎换骨的改变。

2010 年 7 月，雷军创办小米 3 个月，他在一次公开发言中称"用手术刀将自己解剖了一遍"，总结反思了自己近 20 年的经历，并分享了五条体会：

第一条：懂得顺势而为，绝不要做逆天而动的事情；

第二条：颠覆创新，用真正的互联网精神重新思考；

第三条：人欲即天理；

第四条：广结善缘；

第五条：专注，少就是多。

小米的所有辉煌都起始于这里。雷军在"解剖"自己以后获得了重生。

纵观雷军的经历，他进行过几次大的反思，在离开金山以后悟到顺势而为是其中一次，最早的一次是他初到金山"兵败盘古"之时。而每次反思都让雷军跳出了原有的思路，找到破局之道。

反思就是雷军的"手术刀"，让他突破惯性思维，获得人生的顿悟。

成大事者都是向自己学习，他们善于在工作、生活中及时总结与反思。这些行为让他们获得了不断累进的能力，并将自己的优势逐步放大，从而获得了一次又一次的机会。

雷军的"自我解剖"，就是典型的复盘思维。

# 第二节　生产者：经验只是经验的一半

## 复盘是知识生产的重要一环

管理大师查尔斯·汉迪说："经验加上反思是最重要的知识。"

国内领导力专家刘澜据此提出一个公式——

经验 + 反思 = 知识。

我们经常说"吃一堑长一智"，但是如果没有反思，就算吃两堑、三堑都很难长一智，还有可能陷入恶性循环而难以自拔。

就像赫胥黎所说："经验不是发生在你身上的事情，而是你对发生在你身上的事情做了什么。"

如果我们没有对自己遭遇的事情"做了什么"，这些遭遇本身就不会带给你任何价值。我们要做的事情，就是复盘、反思。

刘澜还套用 $E=MC^2$，提出了另外一个公式：

知识 = 经验 × 反思$^2$。

这个公式的意思是：

1. 没有反思，就没有知识。当反思为 0 的时候，知识为 0；

2. 即使是一件小事,如果有反思,就会有意想不到的收获。强大的反思,能够从有限的经验中提炼出惊人的知识,就像小小的铀原子也能释放出惊人的能量一样。

有很多人会说,我很普通,我每天的生活也很简单,我也没干什么大事,没有出将入相,没有成为 CEO,所以我不可能有什么高深的见解。这其实是一种误解。

"世事洞明皆学问",人的经历是不同的,如果能够对这种经历进行反思,同样可以增长人生智慧。因此,我们不要小看复盘、反思这件事。

## 复盘推动学习形成完整的闭环

学习应该由三个环节组成。第一个环节:信息的接收;第二个环节:信息的内化;第三个环节:信息的再生产,也就是知识生产。

我们通常只做了第一个环节,读书、学习、听人教导。我们仅仅完成信息的接收而已。

大多数人是怎么上课的?他们到了课堂或者会场先拍照,看到老师播放的精彩 PPT(演示文稿)内容,赶紧拿出手机拍照,拍完顺手转到群里、转到朋友圈,然后就有一种即时的获得感,认为自己学过了。好一点儿的人可能还做个学习笔记、画个思维导图,好好梳理一下。

但这还远远不够。

或许有人做到了信息的内化,但很少有人做到第三个环节——知识的生产。

其实，那些在各自的领域获取了新理论、新理念的人，他们都可以说是知识的生产者。达利欧在《原则》中罗列了 400 多条关于工作和生活的原则，这些原则就是达利欧在几十年的工作、生活中总结出来的人生智慧。这些知识确保他的工作是卓有成效的。

高手几乎都是知识的生产者，他们总是有着这样或者那样的工作和生活的原则。不管他们有没有意识到，不管他们有没有明确地写出来或者说出来，他们一定有自己的知识体系。

我们只有成为知识的生产者，才能说真正完成了学习流程的循环。如果不这样做，我们就成了一个桶，成了一个仓库，只是装东西，却从来不往外生产东西。

内化和再生产需要练习，也要应用，甚至要评估和反馈。但无论如何，复盘、反思都是一个不可缺少的环节。

# 第三节 观察者：从无意识走向有意识

很多人可能认为思考和反思二者意义相同，或认为反思是思考的一部分，是一种思考方式。其实不然。思考和反思是不同的，反思可以说是思考的观察者，反思是在思考你的思考、观察你的思考。反思更多的是处在观察的层面，其观察的对象就是思考。

维尔纳·海森堡有一个著名的"测不准原理"，这个原理简单来说就是观察者决定观察对象。反思就好像那个观察者，思考就好像那个观察对象。反思会改变思考，会让思考变得不同，包括思考的内容、方式、时间、角度，等等。我们若局限于思考本身，就容易被固有的习惯所驱使，重复着相同的思考方式，却期待不同的结果。反思就是那个独立在外的观察者，它能洞察观察对象，甚至有能力在潜移默化中改变观察对象。

有时候，我们会发现一些脾气特别大的人，他们经常会莫名其妙地朝别人发火，而且他们不一定会意识到自己的行为有问题。一旦他们觉察到自己的这种行为不恰当，通常会下意识地做出一些改善。笔者在笔者的学员中看到了很多类似的例子。

复盘、反思是观察自己的方式，但人们为什么不愿意反思、不愿意观察自己？

因为人的潜意识在尽量避免自己被观察。一旦人的潜意识察觉到自己被分析透彻了，那么就会觉得自己好像失去了对自己的掌控权，不再拥有主导的地位一样。因为大脑认为思考就是一切，我思故我在，"我"就等于思考。所以在这种想法控制下，人会按照自己固有的习惯，重复相同的行为，做着相同的事情。

《被驯化的大脑》引用了这样一则寓言故事：

> 一天一只蝎子和一只青蛙在河堤上相遇了，蝎子不会游泳，便请求青蛙背它过河。
>
> 青蛙说："等一下，我怎么知道你不会蜇我？"
>
> 蝎子回答："你疯了吗？如果我蜇了你，咱俩就都完了。"
>
> 青蛙听完就放心了，同意背蝎子过河。
>
> 途中，青蛙突然感到被蝎子尖锐的尾巴刺了一下。
>
> 青蛙大叫："你为什么蜇我？现在我们都要死了！"
>
> 蝎子带着哭腔答道："我没办法控制自己，这是我的本性。"
>
> 最后它们一起沉到了水里。

人类也保有本性，很多人会被自己的情绪所左右，他们思考怎么解决这种困扰，却找不到要领。因为思考本身就是一台二元模式的计算机，在它看来，一切对象不是好的就是不好的，不是喜欢的就是不喜欢的，不是黑的就是白的，不是对的就是错的，在这种二元对立模式下，它意识不到还有第三条道路。但当注意力回到自己身上的时候，很多问题就能够解决了。

比如，你正处于情绪的风暴中，如果你能从"都怪你"或者"全是你的问题"这种对他人的指责情绪中脱离,注意力转回自己身上,问自己"我这是在干什么",那么你便能很快冷静下来。

这需要你能从被情绪左右的思考中脱离出来,让自己处于一种正念[1]的状态中。反思有时和正念所起的作用是类似的,都让人能清醒地思考。在这种清醒状态中,人甚至可以解决所有问题。

人有时以为自己是清醒的,以为自己是有意识的,以为自己能够思考,事实恰恰相反。若将人比作一台机器,习惯便是这台机器的驱动程序。

有研究表明,人类行为有 40% 以上是习惯性的。

比如当你吃饭的时候,大脑并不会有意识地命令嘴去张开,然后手将食物小心地送到嘴里,再命令牙齿开工、舌头配合、唾液分泌。这一切都是肌肉记忆的结果。你甚至可以一边吃饭一边看手机或打游戏……甚至在你吃完后都不知道吃了什么、味道如何。

比如走路,你拐过了很多弯,你自然地转身、上下台阶、避开对面的行人……这些都是自动发生的,也许走路的时候你正在思考一个问题。你虽然离开了办公室,但是你的思绪仍然在想着刚才和同事的争论,你也许还在愤愤不已,当走进家门的时候,你都不知道自己是怎么走回来的。其实是你的肌肉记忆、你的习惯在帮你走路。

在很多情况下,人是在无意识地做事。这种无意识的行为也会给自己带来伤害。它会让人喋喋不休,让人疲于奔命却从不叫停,让人

---

1　正念:正念这个概念最初源于佛教禅修,是从坐禅、冥想、参悟等发展而来。有目的、有意识地关注、觉察当下的一切,而对当下的一切又都不做任何判断、不做任何分析、不做任何反应,只是单纯地观察它、注意它。

恐惧、焦虑、不安、烦躁，让人无意识地不断重复某个行为，让人处在贪、嗔、痴中无法满足；它会让"我不够好，不够美，不健康，没人爱，没有天赋，不自由，钱不够，没时间做自己喜欢的事……"这些负面情绪一直困扰着自己。

很多人抱怨自己有拖延的毛病，并且做什么事都是三分钟热度，更没有坚持做某件事的意志力。他们想了各种各样的办法试图解救自己，但通常事与愿违。因为他们还在被以上的这些习惯驱使着，除非他们能从当下的生活习惯中抽离开来，更多地观察自己、反思自己。

与其说很多人是缺乏自控力、意志力，不如说那些人缺乏注意力。手机、电视、电脑分散了注意力，让人越发无法更好地观察自己。而解决的办法，就是有意识地开始定期自我观察。

海森堡的测不准原理告诉我们，"观察者决定观察对象"。从这个角度去看，所谓的进化就是意识的进化，所谓的成长就是意识的成长。

万维钢在评价米哈里·契克森米哈赖的《心流》时指出，心流只是一种方法，它背后更大的逻辑是，你要通过锻炼控制自己的意识，去获得真正的幸福。

无论是瑜伽冥想、正念，还是米哈里·契克森米哈赖的心流，它们都指向一个地方，就是意识的进化和成长。

## 第四节 约·哈里窗：从自我表露到获取有效反馈

复盘是自我表露[1]的过程，自我表露是推动自我认知的关键因素。

当你准备向一个高手请教的时候，请你准备好"自我表露"这个技巧。把自己遇到的问题、困扰、纠结、痛苦，等等，完整地表达出来，才有可能得到更好的建议和帮助。

在人际交往的过程中，有些人喜欢吹嘘自己的成绩，从而得到别人的认同，其实这并不一定是有益的。在很多场合，展现真实的自己、适当地披露自己的缺点和存在的问题，把自己的心打开也是十分必要的。

达利欧在《原则》中写道：

大多数人希望自己没有缺点。我们接受的各种教育和现实经历让我们对自身的缺点感到难堪，并试图掩盖缺点。但能够真

---

1　自我表露：最早是由美国人本主义心理学家西尼·朱拉德在1958年提出来的，它是指个体与他人交往时自愿地在他人面前真实地展示自己的行为、倾诉自己的想法。

实展现自我的人是最快乐的。如果你能以开放的心态看待自身缺点，这将解放你，帮助你更好地应对缺点。我建议你不要为自己的缺点感到羞愧，要明白任何人都有缺点。你把缺点摆上桌面将会帮助你戒掉坏习惯，养成好习惯，获得真正的能力，拥有充足的理由保持乐观。

你将缺点摆上桌面，这就是自我表露所要做的事情。

当你有机会向高手请教的时候，你可以这么做，但是当你没有机会向高手请教的时候怎么办呢？答案是你可以向自己请教。

向自己请教，其实就是复盘。复盘实际上就是一个自我表露的过程。

复盘好比是自己在照镜子。通过复盘，我们可以透过生活的镜子看到真实的自己，从而有机会去调整和校正自己的行为。

复盘有时也好像是给生活拍照，每天的生活到底过得怎么样，到底有没有问题，通过复盘，我们可以拿到生活这张照片，然后端详，让生活更加清晰。

无论是照镜子还是拍照，其结果都是自己给自己反馈，让自己在蛛丝马迹中发现隐藏的问题。

我们之所以需要定期获取别人的反馈或者自我反馈，很重要的一个原因在于盲点的存在。在生活中我们都有这样的经验，身边所有人都知道某个人身上存在的问题，唯独那个存在问题的人自己不知道。我们活在自己的盲点中却意识不到自己的盲点，就像鱼活在水中却意识不到水一样。

心理学中有一个理论叫约·哈里窗口理论，是由美国心理学家约瑟夫·勒夫和哈里·英格拉姆在 20 世纪 50 年代提出的。它把人的认知分为四个象限：开放区、盲目区、隐秘区、未知区（见图 2-1）。

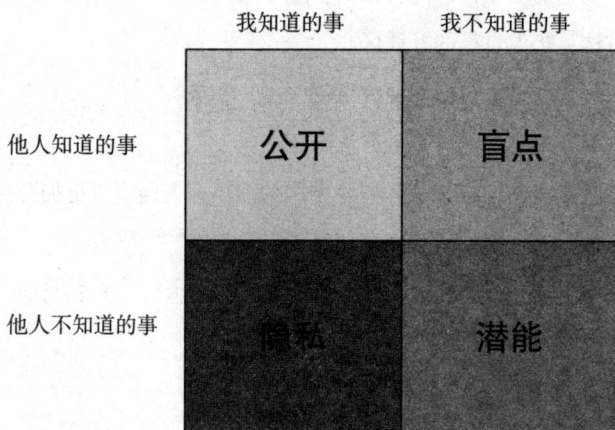

|  | 我知道的事 | 我不知道的事 |
|---|---|---|
| 他人知道的事 | 公开 | 盲点 |
| 他人不知道的事 | 隐私 | 潜能 |

图 2-1　约·哈里窗理论模型

开放区（公开）：自己知道、他人也知道的事情，代表公开的信息。

盲目区（盲点）：自己不知道，但是他人知道的事情，代表个人的盲点。

隐秘区（隐私）：自己知道，他人不知道，代表个人的隐私。

未知区（潜能）：自己不知道，他人也不知道，代表个人隐藏的潜能。

在人的一生当中，开放区、盲目区、隐秘区、未知区都是会变化的。随着人们知道的事情越来越多，我们的开放区可能在扩大。不过，如果我们缺少察觉能力，我们的盲点不但不会减少，反而会增多。大部分人就败在了自己的盲目区。

我们如何缩小自己的盲目区和隐秘区？

方法是扩大自己的开放区。

我们如何扩大自己的开放区呢？

一种方法是披露，一种方法是反馈。

披露更多的信息，意味着隐私区的缩小，人会变得更加开放甚至极度开放。这就是前面我们提到要"自我表露"的原因。

得到反馈，会让盲目区缩小，我们会发现更多的盲点（见图2-2）。

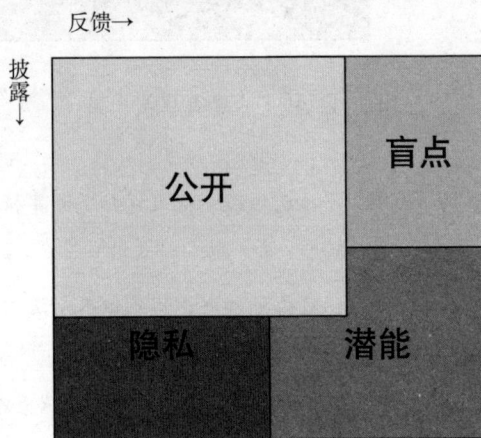

图 2-2　约·哈里窗的变化

自我表露和反馈是复盘中两个非常重要的工具，它们可以帮助我们发现自己的盲点，同时让自身更多的潜能浮出水面。

反馈有两种形式，前面也提到过，一种是获取他人反馈，一种是自我反馈。

获取他人正确、有效反馈的好处是可以立竿见影地知道你存在哪些问题，你可以立刻知道关于自身的信息，借助他人的视角看到自己不曾看到的地方。不过问题在于，真正能给你正确、有效反馈的人很少。

如果你希望从别人那里得到评判，很容易，但是得到有效的反馈，并不容易。所以如果条件允许的话，可以请教专业的教练，他们更知道你需要什么以及可以给你什么。

另外，也不是身边的每个人都值得你去寻求反馈，一般真正可以给予你反馈的人不会太多，你需要在生活中留意并维护好跟他们之间的关系。

需要的时候，你可以在一个相对安全的空间内，通过自我表露获取对方的有效反馈，从而对自己的思维和行为进行一定的校正。

除了获取他人反馈，自我反馈也非常重要。

定期进行复盘、反思，就是获取自我反馈的最好方式。简单地在头脑里想象是获取不了多少真实信息的，除非你用笔把你的生活记录下来，这样你就会找到很多被你遗失的"珍珠"了。

达利欧说，大多数人犯下的最大错误是不客观地看待自己以及其他人，这导致他们一次次地栽在自己或其他人的弱点上。

只有克服这种弱点，人才能充分发挥自己的潜能。这就需要一种"更高层次的思考"，也就是跳出来看自己、反思自己的能力。

# 03

## 第三章
## 到底什么是复盘？

如果你不知道复盘是什么，你就做不好复盘。你之前以为的复盘，很有可能压根并非复盘。复盘和总结的关系是怎样的？复盘就是一种纯思考吗？为什么有人要花十多年的时间来构建一套复盘体系？复盘很简单，但复盘又并不简单，复盘并非你想的那样。

## 第一节　复盘的基础认知及常见误区

### AAR[1]与复盘

随着网络仿真技术的发展以及训练方式的升级，AAR 的设计被不断改进，形成了标准化的 AAR 程序。从流程讨论的层面去看，典型的 AAR 共有 6 个步骤，实际就是回答 6 个问题：

1. What was the intent ?

当初行动的意图或目的是什么？当初的尝试要达到什么目的？

2. What happened ?

发生了什么？实际发生了什么事？怎么发生的？为什么发生？

---

1　AAR（After Action Review），AAR起源于20世纪，也就是行动后反思的意思。

在这个过程中，常常用到两个方法：第一，依时间顺序重组事件；第二，参与行动的人回忆他们所认为的关键事件，并对其进行分析。

这一步就是真实再现过去所发生的事情的过程。不过这并不容易，因为人们的记忆并不靠谱，正如盲人摸象一样，每个人所看到的都不完整。

3. What have we learned ?

我们从中学到了什么？如果我们有重来的机会，会怎么做？如果有人有同样的行动，我们该给他什么建议？

4. What do we do now ?

现在我们该怎么做？我们能直接处理的是什么？我们需要向上呈报的是什么？

这一步的关键是将经验转化为行动。这里的行动通常会被分为短、中、长三类：第一种是短期行动，也就是当下可以快速执行且带来效益的行动；第二种是中期行动，这种行动被定义为对系统、政策以及组织有所影响的行动；第三种是长期行动，也就是与长期目标、价值观、基本策略有关的行动。

5. Take action.

采取行动。

6. Tell someone else.

分享给更多的人，我们需要考虑以下几个问题：谁需要知道这些信息？他们需要知道什么？我们通过什么方式去传递？

由此可见,所谓的 AAR,就是所有参与者一起讨论成败得失,不管是谁都有参与的机会,而且必须畅所欲言。在 AAR 中,真正实现了发言机会均等,体现了人人平等的思想。

AAR 复盘体系花了十多年时间才被构建出来,可以极大地提高领导力、执行力。现在很多企业也接受了这种复盘的形式,比如英国石油、联邦快递等。

复盘是团体学习的一种非常好的方式,事情做完,大家坐下来一起回顾和讨论,看看是否达到了预期的目标、结果如何,探究产生这种结果的原因,从中找到规律并吸取经验教训。这样就可以将经验转化为组织的能力和智慧,帮助企业在原有的基础上不断迭代。

在国内,复盘做得比较好的企业是联想,复盘是联想的三大方法论之一,实际上已经融入了联想的文化当中。

柳传志认为,复盘是指每工作一段时间后,把所有的工作梳理一遍,看清楚方向,也想清楚这是不是正确的路。柳传志说:"复盘至关重要,通过复盘总结经验教训,尤其是失败的事情,要认真、不给自己留任何情面地把这个事想清楚,把事情想明白,然后就可以谋定而后动了。"

复盘关注的是学习与行动导向,它强调的是从一件事中获得收获,以及今后的发展方向,而不是开批评大会,评论功过是非。复盘可以提升组织学习的效率,促进个人、团队更高效地达到目标。集体深度会谈可以通过复盘这种形式让团队成员之间加强了解,并避免个人的局限性,还有助于激发出新的灵感和见解,从而达到团队学习的目的。

我们说了这么多，到底什么是复盘呢？

复盘本身是一个围棋术语，也称"复局"，是指棋手在完成对局后，重新回顾一遍棋局，分析优劣和得失的过程。

实际上，复盘由来已久，像很多古语"前事不忘后事之师""吃一堑长一智"，等等，都是复盘。其中耳熟能详的还有曾子的"吾日三省吾身"，以及苏格拉底的"未经反省的人生不值得过"。

复盘的内在逻辑，就是在工作中学习，并学以致用。

学习通常是和实践分开的，课堂所学很难应用在实际工作中，学习和工作变成两张皮。相比于学校的应试学习、脱产培训，在工作中遇到问题、解决问题，是最有效的学习方式，这也是杜威、陶行知等一批教育家提出的"做中学"，是王阳明提到的"事上练"。因此，复盘是离不开实践的，是将学习融入工作当中，跟真实的工作场景相结合，相当于在工作的同时加载一个新的进程，同步并联。

成年人的学习，需要强调一个"真"字，就是真实的人在真实的时间内，解决真实的问题。这样的学习更能激发人的参与感和投入度，并取得真实的效果。复盘非常符合成年人的学习模式。

## 复盘的常见误区

1. 复盘 = 总结？

一提到复盘，很多人就会想到总结。

其实，复盘不等同于总结，复盘只是总结的一部分。或者说，总结有很多种方式，复盘只是其中的一种。

很多人研究复盘时，喜欢把总结跟复盘全然对立起来，这是没有必要的。无论是复盘、反思、调研还是头脑风暴，都是为了总结经验教训、寻找规律、探求本质，从而让我们可以少走弯路，更好地前进。因此，总结更广义，内容更广泛，复盘仅作为总结的一种手段和方法。

我们借助史蒂芬·柯维的"观为得"循环模型（见图 3-1）来分析一般人的做事流程。

图 3-1 "观为得"循环模型

我们通常是先有一个想法（观），然后根据想法有了一些行为（为），最后得到一些结果（得）。而后我们进行常规总结的时候也是以这样的顺序：回忆当初产生了什么想法、有了什么计划，然后做了什么，最后成果怎样。这是最基础的总结，只梳理已知的部分。大部分人所做的就是最基础的总结——周总结、月度总结、年度总结。

而复盘是一种更高级、更有深度的总结。复盘的顺序正好与"观为得"相反，从结果入手，查看这个结果好不好，有没有达到目标，然后探究原因，当初做了什么，当初为什么这么做，是出于什么想法，有什么样的前提假设，这个假设有没有问题。

因此，我们可以将总结分两种，一种是基础总结，梳理已知的部分，一种是高级总结（见图3-2），探究未知的部分。前者就是我们通常所说的总结，后者就是我们所说的复盘、反思，将两者结合可以得到更完善的总结。

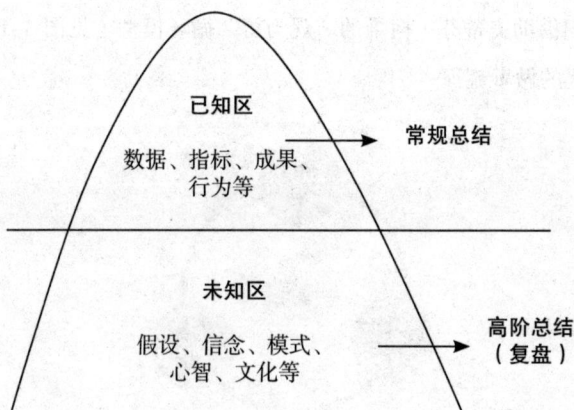

已知区

数据、指标、成果、
行为等

常规总结

未知区

假设、信念、模式、
心智、文化等

高阶总结
（复盘）

图 3-2　总结的内涵

2. 复盘 = 纯思考？

笔者记得有一次在成都给一家企业做培训，一个学员在课上说："我不是不反思，我怀疑自己是不是反思过度。"

笔者问他是怎么反思的，他说自己一遇到事情就会"钻进"事情中，想半天，总是出不来。

笔者跟他说，反思是行动的另一半，如果没有任何行动，就不能称之为反思。

这个学员的问题，其实也代表了一部分人对复盘的理解。他们以为复盘就是一种纯脑力思考，这是对复盘的误解。有一句话是这样讲的:"任何不以改善行动为目的的复盘都是伪复盘。"

复盘和行动是不分家的,复盘为行动服务,行动之后复盘,复盘之后再行动,从而构成良性循环。

因此笔者提出一个公式:成果 = 一半行动 + 一半复盘。

复盘和行动共同为成果服务,即为了达到目标,不断采取行动,然后不断检视行动、校正行动。这个过程就像骑自行车一样,只有不断用车把手校正自行车的方向,才能一直保持自行车在前进的路上。

复盘不是纯脑力劳动,它是和行动紧密结合在一起的。空想没有价值,只有行动结合思考才有真正的推动作用。复盘时不只要有思考,还要做很多其他的工作,比如记录。复盘要还原过去发生的事,并通过调查了解事实真相,掌握了足够的信息才有复盘可言。

复盘和思考的关系类似于观察者与被观察者的关系。如果一个人觉得自己反思过度,那就要跳出来看看自己做的是不是真正意义上的反思,都在反思些什么,反思的结果有没有效、有没有落实到行动上,以及为什么说到做不到等问题。


3. 复盘 = 思过?

很多人认为复盘、反思就是思过。自己好像没有犯什么错误,有什么好反思的呢?如果真的去反思了,不就代表自己承认自己有过失了吗?

有不少企业、团队以及个人,在出现问题和错误的情况下才去复盘、去反思,这无形中也说明很多人对于复盘的理解是有偏差的。

我们不是有问题了,才需要去做复盘。复盘是以学习为导向的,是为了总结经验教训以便更好地行动。复盘并非绩效考核、责任评定,更不是开批判会,复盘只是一种二次思考。当你做某件事的时候，你必然有过一次思考，只不过这种思考或许属于惯性反应，你可能都没意识到自己思考过了。你当初为什么这么做，为什么不那么做，必然有自己的原始思考在里面，因为人的行为一定是由想法驱动的。因此，事情做完以后，要再回过头去看看，当初的那种思考和判断到底对不对，到底有没有效。

复盘是一种回头看，需要再次回头看甚至是反复回头看，不断让自己照镜子，从而得到最优决策。

## 第二节 复盘的层次、特征与类型

### 复盘的三个层次

复盘由浅入深至少有三个层次：第一层是反观，第二层是反思，第三层是反省。

反观，就是回顾过去，看看自己的优势与不足、责任与问题。反观是复盘的起点，当一个人还在抱怨外在因素、指责他人，完全看不到自己应负的责任时，即使他思考了很多，也不能算复盘。

接下来，我们要"跳出画面看画面"，分析各种潜在的因素，比如环境、机遇等对问题的影响，以及产生问题的根本原因，并且要找到自身做事的固有模式。这就涉及复盘的第二个层次：反思。

反思是站在旁观者的角度上，回顾整个事件发生的过程，更客观地审视自己。这就像美国的一位总裁教练珍妮弗·波特在她自己的一篇文章中所指出的那样，反思就是仔细思考，但真正有价值的反思比这一释义更为微妙，为了达到学习的目的，有效的反思应该包含有意识的思考，并分析不同的看法和行为。

正如珍妮弗·波特所说，最难搞定的不是缺乏经验的领导者，也不是仗势欺人或贬低下属的领导者，而是那些不会反思的领导者。

　　反思，更多的是在反观的基础上寻找事件背后所折射的个人问题以及自己的行为固有模式。固有模式更多的是人在面对事情时的固有反应，比如：有的人一言不合就破口大骂；有的人工作上遇到小麻烦就跳槽；有的人感情出问题就冷战，孩子不听话就对其呵斥……这些都是每个人在自己固有行为模式下的反应。

　　要破解自己的行为固有模式，终结自己身上的恶性循环，必须用反省（见图 3-3）。

　　反省

　　反思

　　反观

图 3-3　复盘的三个层次

　　反观、反思和反省不同的是，前两者更多的是聚焦于事，反省则更多聚焦于人，或者更准确地说，是聚焦于自己。

　　反省，就是通过一系列的反躬自省，通过实修实证，不断拓展一个人的认知边界，从而带动自己成长。也可以说，反省是开发一个人内心世界的方式，是让心变得强大的一把钥匙，是真正让生命焕然一新的密码。

　　自己认清自己的问题时，一念间，就仿佛换了一个世界，为人处世、待人接物都会不同——这才是真正的改变。

## 复盘的核心特征

### 1. 跳出画面看画面

前面笔者提到，当你能够反观的时候，就代表复盘开始了，在此之前，还不能说是在做复盘。

反观的特点是你能从事件当中跳出来，把目光放到自身的内因上，以一个旁观者的角度开始审视自己的行为。

从旁观者的角度审视自己，这就像看电影一样，作为观众，你可以比较客观地评价电影中发生的各种事情。但假设你成为剧中人，就不一定能保持这样的清醒。

"人生如戏"，很多时候我们也是身在戏中却不自知，甚至有的人入戏太深，陷在细枝末节中无法自拔，以致你看到的都是芝麻绿豆大的小事。因此，你需要抽身而出，这样才能看到更多的画面。抽身而出，保持足够的理智，是复盘时非常重要的行为。复盘要求我们既能"入戏"，也能"出戏"。入戏是为了更好地体验，出戏是为了更好地演戏，或者说是为了清醒地演戏。

### 2. 剥离情绪回归真相

情绪会影响人的认知和决策，这种影响是在潜移默化、不知不觉中发生的。笔者之前提到，很多人对情绪有一种误解，以为掀桌子、摔东西才叫情绪，其实不然，情绪自始至终一直都在，更多的是"隐而未发"。这就像电脑的后台进程，一直都在悄无声息地运行着，只是我们不太关注而已。

达利欧认为，为了拥有最好的生活，你必须知道最好的决策是什么，也必须有勇气做出最好的决策。他同时也指出，影响决策好坏的关键因素是情绪。

《原则》中提到，大脑存在两种决策方式，一种以证据和逻辑为基础（来自较高层次的大脑），一种以潜意识和情绪为基础（来自较低层次的动物性大脑）。心理学家的研究表明，多数人在其一生的大部分时间里受到较低层次大脑的控制，导致大脑无法做出最优决策。

正如卡尔·荣格所说："除非你意识到你的潜意识，否则潜意识将主导你的人生，而你将其称为命运。"我们只有察觉到自己面对事物的潜意识反应，或者第一反应，才能通过植入"理性的程序"对行为进行调整和校正，最终得到好的决策。

所谓"不怕念起，就怕觉迟"，但如果你的觉察能力非常强，平时注意对此进行训练，念起时可能只需极短的时间就可以意识到你的初始意识是否存在问题。

当然，这并不是说情绪没有好处，情绪自然有它存在的价值。但很多时候，我们是被一种"顽劣"的情绪所左右，从而让决策处在非理性当中。复盘所要做的就是剥离这些"顽劣"的情绪，让人以旁观者的身份，观察它、记录它，从而对自己的行为方式是否正确做出准确的分析和判断。

### 3. 戴上新眼镜

每个人眼中的世界都是独一无二的。一个人有怎样的认知就会有怎样的世界。我们活在自己建造的世界当中，这就像电影《楚门的世界》中的主人公楚门一样。不同之处在于，楚门的世界是别人为楚门建造的，我们的世界是我们为自己建造的。

《楚门的世界》的寓意在于，我们只有勇敢地跟海浪搏击，并穿越危险地带，打开自己为之所恐惧的门，才能发现另一个崭新的世界。每个人都需要经历这样一个过程，按照坎贝尔的话说，每个人都需要"掉入深渊"或者"进入鲨鱼之腹"才能找到这扇门，然后进入不同的世界当中。

这个不同的世界在哪里呢？

其实就在当下。

我们在观察世界的时候，有时需要"戴上新的眼镜"，也就是转换角度，换一个角度来看问题。这个过程虽然并不容易，但非常必要。当你站在新的角度，这样就可以看到不同的东西。

"戴上新的眼镜"也可以理解为重新定义。重新定义我们习以为常的事物，比如：什么叫学习、什么叫生意、什么叫销售、什么叫管理……认知决定行动，重新定义的过程，来自大量的行动、尝试和验证，甚至来自"打开恐惧之门"。

复盘的时候，我们要"戴上新的眼镜"，从不同的角度去审视问题，重新定义，这样才能得到不同的认知结果。

## 4. 指向学习与行动

复盘是一种学习行为，不是一种批判、指责、找毛病、推卸责任的行为，它是向内学，而不是向外求索。

如果一个团队天天复盘，结果成员之间却越发钩心斗角，斤斤计较，推卸责任，可以断定他们没有真的在做复盘，没有把复盘当作学习的工具。复盘不宜和绩效考评、职位晋升、问责制度、奖金分配等结合在一起，这样会适得其反，让复盘流于形式。

这也要求管理者能够破除绩效至上的迷思，不要以为 KPI[1] 在手，

---

1　KPI：Key Performance Indicator的缩写，关键绩效指标法。这里指绩效考核分数。

就可以万事大吉。实际上，现实生活中 KPI 所能发挥的作用越来越弱，已经有很多企业废除了 KPI 考核机制，改用其他的激励方式。

领导者专注于绩效目标、业绩指标的时候，就无法再完整地看到自己以及团队的学习目标。如果领导者和团队其他成员的业务能力水平保持不变，却要不断地面对越来越高的绩效目标，那么很快他们就会无法再达到公司的新目标的要求了。

团队面对越来越高的绩效目标，能力也需要得到相应的提高。

帕卡德定律告诉我们，一个企业收入增长的速度，不可能持续超过公司人才增长的速度。对于团队也是一样——业绩增长几乎是当前所有团队面临的核心问题，如果员工的能力没有增长，哪儿来的团队业绩的增长呢。

因此，笔者觉得"学习＞绩效"，团队领导者应该把学习目标置于绩效目标之前，用团队能力的提升带来业绩持续的增长，形成良性循环。

这就像行动学习之父雷格·瑞文斯所言："有士气的组织一定对学习有浓厚的兴趣。"复盘的目的正是在这里，指向学习、指向行动，让我们在过去的基础上，更好地行动，持续完善，从而获得高绩效。

## 复盘的类型

复盘有很多类型，包括事件复盘、问题复盘、分类复盘、对标复盘等。当然，这种划分只是为了方便，其中的界限并非泾渭分明。

### 1. 事件复盘

所谓事件复盘，就是对工作、生活中所发生的一些事件进行有针对性的复盘，这是非常常见的一种复盘方式。

针对事件复盘，我们通常会去思考：这件事意味着什么？这件事的影响是什么？在这件事当中我能学到什么？当下我需要怎么做？接下来我还需要怎么做？……我们正是要从这些方面去反思和调整。

### 2. 问题复盘

所谓问题复盘，就是针对某个特定的问题进行剖析和思考。这个问题是怎么来的？为什么会产生这个问题？产生这个问题的主要原因是什么？解决这个问题目前的可能的卡点在哪里？针对这个问题的有效解决方案是什么？

### 3. 分类复盘

分类复盘，就是把自己的生活分成几部分，比如：学习、家庭、理财、身体健康等几个方面，对每个方面分别进行复盘。

最常见的一种就是"九宫格复盘"（见图3-4）。当然，具体是哪九个格子，每个人可以根据自己的情况进行微调，这里举一个例子。

| 学习 | 社交 | 娱乐 |
|---|---|---|
| 工作 | __年__月__日<br>关键词： | 财务 |
| 健康 | 家庭 | 感悟 |

图 3-4　九宫格复盘

还有一种"4Q复盘法",其来源于"全人理论"。这个理论认为,一个完整的人包括4个方面:身体(PQ)、智力(IQ)、情感(EQ)、精神(SQ),分别代表了人类4项最基本的需求和动机:生活(生存下去)、关爱(人际关系)、学习(发展成长)、留下遗产(生活意义和有所贡献)。

史蒂芬·柯维在《高效能人士的七个习惯》《高效能人士的第八个习惯》中详细论述了以上4个方面,并提出只要调动"完人"的4个方面,就可以达到最佳状态。

因此,你每天可以从身体、心理、情感、精神4个方面进行反思,看这4个方面做得怎么样。

4. 对标复盘。

对标复盘,就是找到一个标杆,以标杆作为参照来检视自己人生的方方面面,从中确定人生方向、发现行为短板、找出不足,少走弯路。

《高效能人士的七个习惯》里提出了7个习惯,我们可以从这7个方面出发,去看自己每天落实得如何,差距在哪里,如何调整,下一步具体的行动是什么,等等,这就构成了对标复盘。

你既可以对标某些原则,也可以对标某个人或者某个机构,分析他们好在哪里,有什么值得学习的,跟他们相比自己有哪些不足,如何弥补……还可以对标某些经典作品、案例,分析这些作品和案例好在什么地方,主要的创作经验是什么,可以学习的点是什么。

这些都是对标复盘。

# 04

## 第四章
## 复盘究竟应该如何做？

　　个人复盘的通用套路是"复盘三角"，这个套路经过反复验证，被证明是最有效且最简洁的方法，并且不同于市面上常见的复盘方法。如果要想做好复盘，我们还得回答两个问题：怎样才算好的复盘？好的复盘到底有没有判断标准？

# 第一节 复盘七步与复盘三角

## 复盘七步

《大学》里面有一句话:"知止而后有定,定而后能静,静而后能安,安而后能虑,虑而后能得。"

"知止定静安虑得"这七个字实际上是整个中国儒家文化的核心之一。在国内领导力专家刘澜看来,这七个字其实也是复盘、反思的步骤,笔者暂且称之为"复盘七步"(见图4-1)。

图 4-1 复盘七步

### 第一步：知

知道有值得反思的事，知道通过这些事可以学到经验。

发生的事可能是一个项目失败了，可能是与某些人发生了冲突，可能是遇到了一件难办的事情或者发生了人事变动，也可能是刚刚经历一次重要的谈话……这些都是信号，提醒我们要进行反思了。

### 第二步：止

我们要停下来，专门找一个时间进行反思。这时候要停止行动，不要再继续做事了。

反思的地方可以有很多，我们最好找一个相对封闭的空间和没人打扰的时间。比如走上山顶，比如面壁思过，比如出去散步，比如进入冥想室，等等。其中，晨间反思容易实现，而且早晨相对比较安静，经过了一个晚上的调整，人的很多情绪会被暂时"清除"。

### 第三步：定

定，就是把注意力集中在需要反思的事件上。这一步主要是记录，逐步还原事实的经过：发生了什么？当时我是怎么做的？其他人是怎么做的？结果怎么样？等等。我们把这个过程记录下来，不要凭大脑去想象。

### 第四步：静

静，实际上就是剖析的过程。剖析事件和行为背后自己的想法、思考过程——我当时是怎么想的？为什么会这么想？这么想有什么依据？其他人可能是怎么想的？他们为什么那么想？他们那么想是根据什么？

剖析的过程也需要写下来，用笔来推演。

### 第五步：安

安，就是处理情绪，把情绪放下。如达利欧所说："不要在痛苦发生的当下立刻去反思，因为痛苦的当下，情绪会阻碍你的客观判断和思考，最好是在痛苦过去以后再进行反思。"

处理情绪并不是忽视情绪，而是正视自己的情绪——自己当时是什么感受？现在呢？当时为什么会有那种感受？为什么会有这样的反应？

这一步也可以算剖析。

### 第六步：虑

这一步的核心实际上就是分析。过去所发生的很多事，有没有规律？是否受到自己固有的行为模式影响？

我们40%以上的行为都是自动重复的，所以我们要分析自己的行为是偶发行为，还是一贯如此。领导力大师海菲兹指出，尤其要反省那些反复让我们陷入困境的行为，以及那些出乎意料的行为。

### 第七步：得

前六步得出一些新的结论、新的想法、新的行动指南，用以指导未来的行动。这一步关键就是做计划，把复盘得到的结论转化为行动，只有这样复盘才有意义。

## 复盘三角

"复盘七步"简化后变成三步，这就是"复盘三角"，也就是记录、反思、提炼（见图4-2）。

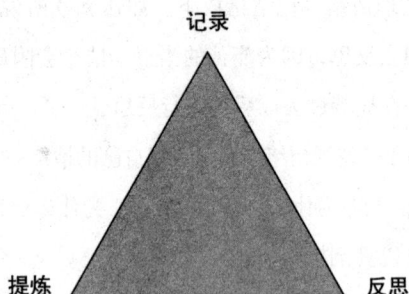

图4-2　复盘三角

**第一步：记录**

我们像写日记一般把每天主要发生的事件记录下来：我遇到了什么人？我们谈了什么？我们做了什么事？情绪怎么样？

然后我们梳理过程：为什么这么忙？真的有这么忙吗？我都忙在点子上吗？时间都花在哪里了？等等。这都需要你好好记录下来。

这一步涵盖了"复盘七步"当中提到的知（知道）、止（停下来）、定（注意力定在某件事情上，还原过程）。

苏联哲学家柳比歇夫把每天、每个小时干了什么，都清清楚楚地记录下来，而且这一记录就坚持了几十年。

我们要如实记录整个过程，要尝试训练自己记录"发生了什么""是如何发生的"，而不是事后自以为是地去解释"为什么"，记录是主动思考的过程，也是挖掘看得见的事情背后看不见的关系。

为什么要如实记录？因为我们的记忆不一定准确，大脑会遗漏部分事实，最后就变成了"我以为"。记忆有时候是会骗人的——当我们遇到了一些令我们无法接受的事，大脑的保护机制就会倾向于抹掉或掩盖一部分使我们痛苦的回忆。

这时记录的重要性就体现出来了。

### 第二步：反思

我们就某个点、某件事慢慢进行剖析，比如我们为什么有这种情绪？我们为什么不高兴，发生了什么？为什么发生？我们的判断是什么？我们为什么会有这种判断？这种判断是一时的还是出自个体固有的习惯？我们怎么做才能避免？

这一步涵盖了"复盘七步"当中的静（剖析）、安（处理情绪）、虑（模式识别）三个步骤。我们根据"观为得"模型，复盘正好反过来，从"得"开始，到"为"，再到"观"。我们从结果入手，去看这个结果有没有达到目标，这个结果到底好不好？为什么？当初做了什么？当初为什么这么做？是出于什么想法？有什么样的前提？这个假设有没有问题？

### 第三步：提炼

复盘最后提炼为行动指南，用以指导自己未来的行动。这就是"复盘七步"中的"得"，即得出新的结论。

行动指南可以是一句话，用这句话作为你的方法论，然后再去实践。提炼也不简单，这句话要求有触发效应，能在一个场景中有效地指引自己，当你一想到这句话，就会让自己的行为有所改变。

行为指南可以帮助我们逐渐规范、调整自己的行为，用这些东西去塑造一个更好的自己。这些指南、指引，实际上就是所谓的原则。

史蒂芬·柯维的"七个习惯"就是七个原则，稻盛和夫的"六项精进”也是六个原则，富兰克林的“十三种美德”也是他整理出来的十三个原则。但这些原则是史蒂芬·柯维、稻盛和夫、富兰克林的，不是你的，也许你很认同，但是它不一定能指导你的行为。你需要把别人的原则转化成自己的原则，就像达利欧在《原则》当中所指出的："最重要的事情是总结出你自己的原则，最好将其写下来，尤其是在你与其他人共事的情况下。"

提炼原则的标准最好用自己的语言写下来，具体、简洁、实用。

下面举个例子：

记录：

今天是节后第一个工作日，昨天我很早就睡了，目的是确保早上能够提前 10 分钟起床，提前 10 分钟到单位，提前进入正常工作状态。对自我要求严格的员工应该尽可能减少假期综合征，这不光是良好的习惯，亦是提高效率的有效方法。

上午发完工作计划我就赶去了企业，商量资金对接的事情。我把客户的办公室当成自己的办公室，我想这样也可以拉近与客户的距离。在与客户闲聊了假期的娱乐安排之后，我见缝插针地向他问起了资金对接的事。客户心情不错，说了句"不好意思，小李，今天资金尚未到位，存单质押开不了，明天再看看吧"。虽然我这次碰壁了，但感到了客户态度上与之前微妙的不同。以前她最多说两个字："没有。"我也表示没关系，反正每天都要来"报到"的，明天再看看。有了她这句不好意思，我想我已经成功了一半。

反思：

我们不要为了业务而谈业务，闲聊能拉近距离，在对方心情不错的时候我们要见缝插针，说几句与业务相关的事情，效果可能会事半功倍。

提炼：

1. 感情第一；2. 把客户的办公室当成自己的办公室。


我们对自身所经历的事情多进行梳理、反思和提炼，"大道理"积累得多了，慢慢就能转化成自己的知识体系，变成自己的人生智慧。

这就是所谓的转识成智——将知识和信息转化为智慧。

我们每个人都应该有自己的《原则》，有自己的《京瓷哲学》。由此可见，生活就是最好的老师。我们通过生活，通过每天的各种素材，可以梳理出很多有价值的信息。

## 第二节  好的复盘究竟"长啥样"？

### 好的复盘首先都是"过电影"

所谓"过电影"，就是对过去发生的事情进行回顾。一天结束以后，我们先把一天的主要经历在脑海中过一遍，今天到底发生了什么，我今天到底过得怎么样。我们需要做到心里有数，掌握一定的素材，搞清事实，然后才能梳理出个所以然。

复盘并非纯粹的思维推演，它还得基于对过去发生的事进行有针对性的解读。

有时候，我们只要稍微回顾一下过去，稍微回到历史当中，就能发现问题所在，就能知道哪里走错了路。

但是很多人不重视回顾，不重视"过电影"，遇到问题就苦苦思考，最后也想不出什么。他们不愿意"过电影"，总认为回忆那些鸡毛蒜皮的事情没意思、没价值，抱着这样的心态是很难做好复盘的。

没有调查，就没有发言权，对于复盘也是如此，没有调查就没有复盘。我们经常说一句话：复盘≈记录。

在刚开始做复盘的时候，我们要把事情经过好好记录下来，这就是复盘了。

## 复自己的盘

复盘需要将矛头指向自己，而不是找别人的问题。

有一个词叫反求诸己，这才是真正意义上的复盘。古人说："仁者如射：射者正己而后发；发而不中，不怨胜己者，反求诸己而已矣。"我们射箭没有射中，不应该怨弓箭有问题，也不应该怨其他人射得比自己好，而是应该找自己的问题。

有些刚开始做复盘的人，通常都会通过复盘，发现身边的人存在一些问题，然后给他们指出解决方案，更有甚者在复盘的时候，喜欢谈天文地理，谈上下五千年，谈国家大政方针、地方治理，谈政治、谈经济、谈名人，发表一番言论，指出其中的好与不好，他们看似是在复盘，实际上已经走错了方向。

所以，复盘最好针对自己，就自己在工作中所遇到的真实问题进行剖析。

有人在复盘的时候喜欢谈社会、谈国家、谈公司、谈团队，抛出"我们"的问题，指出"我们"的缺陷，提出"我们"该何去何从，这些并非真正的复盘，因为他们没有把"我"摆在"我们"前面。这不是说不需要复盘"我们"，但前提是先复盘"我"。

复盘透射的是彻底为自己负责任的心态，不管事情好与不好，首先关注自己在其中的所作所为。唯有如此，我们才能真正用好复盘，才能真正借助复盘有所成长。

## 复盘给自己看

有人在朋友圈分享自己的复盘,对于复盘分享也不是不可以,不过真正好的复盘一般人是不愿意公之于众的。真正的复盘,反思的是贪、嗔、痴、慢,是自己的不堪、欲望,而分享出来的复盘往往会经过润色、加工、修饰,里面会有表现的成分。

复盘的时候,你不要想着给别人看。你切莫本着这样的心态去写,面对真实的自己,不用假设你复盘出来的东西是给别人看的。你写的过程中,也不用注意什么文采,不用避免词不达意,自己能看懂就够了。复盘需要有一种精神,就是不放过自己,真实地挖掘自己的内心。

当然,也有人能做到不畏惧别人的眼光,如实地展示自己给大家看,这是难能可贵的勇气。

## 复盘自己的痛苦

达利欧写了一个公式:痛苦+反思=进步。没有经历足够的痛苦,没有痛彻心扉的感触,反思通常也会停留于表面,不会那么深刻。

达利欧说:"痛苦是一个重要的信号,说明这里有教训可以吸取。"有些人一遇到痛苦就想逃避,如果这样,痛苦对他们来说就没有任何价值。

所以,经历痛苦的时候,你最好把这种痛苦的感触记录下来。痛苦之后,你再对其进行回顾和反思。

达利欧说:"如果你养成一种习惯,就是在一定程度的痛苦中工作，你将更快地进化。"所以，有一种状态叫——健康地痛苦着。而反思就是把痛苦转化为喜悦的重要工具。

因此，复盘需要深挖自己，真诚地面对自己，不逃避、不妥协，我们才会真的有所进步。

## 好的复盘会有所指向并加速行动

没有单独的复盘，也没有单独的行动，行动和复盘就像硬币的两面，是一体的。因此，任何不以改善行动为目的的复盘都是伪复盘。

因此，在复盘的最后，你需要找出问题的解决方案，并在今后的工作和生活中付诸实践，然后对践行的结果进行再次复盘，这是一个循环往复的过程。

好的复盘可以指引行动。判断复盘有没有效果，就是看你有没有采取相应的行动，有没有取得相应的成果。

复盘不是目的，而是达到目的的一种手段。

## 好的复盘需要不断质疑

质疑和反思是行动学习的命门，复盘也需要更多的质疑。质疑什么？质疑自己对事情做的假设，质疑自己的判断标准。人们都说想法决定活法，思路决定出路，但是你之所以这么想，必定有你的标准，这个标准是什么？你要把它们找出来，然后对其进行质疑：这些原则和标准有效吗？它们能帮自己取得相应的成果吗？它们有没有问题？

这不是一日之功，质疑是复盘中最难突破的地方。

只有找到了基本假设，并对基本假设进行质疑，才是好的复盘。

## 好的复盘既反映过去，也引领未来

以古为镜，可以知兴替。历史是一面镜子，它虽然呈现的是过去的事情，但并不代表这些事情的影响已然过去了。

历史总是表现出一定的规律性，但好的复盘并非一味地揪住过去不放，而是在过去纷繁复杂的事情当中寻找未来的蛛丝马迹。

我们过去到底累积了哪些资产？这些资产能够帮助我们接下来往下走多久？过往的积累如何持续放大？我们究竟要在哪些地方努力，又该如何努力？以前的老路、老模式一直在循环，我们到底该如何终止并转到新的方向？我们如何把危机变成转机，发现新的机会和更多的可能性？我们如何让努力持续、稳定、有效？

这些都可以通过深入的复盘找到答案，从而帮助我们更好地走向未来。如果想在未来取得成就，就一定要知道自己的过去。对于个体的成长和发展而言，我们也需要不断总结经验，有所发现、有所创造、有所前进，从而在过去中发现未来。

## 第三节 好复盘的三个标准

之前我们提到，复盘有三个层次，分别是反观、反思和反省。其实，复盘的这三个层面，也正是好复盘的三个标准。

好复盘有三个标准：能反观、会反思、有反省（见图4-3）。

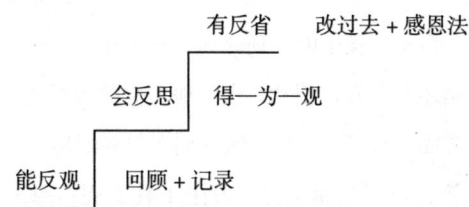

图 4-3 好复盘的三个标准

很多人在参加培训之后会要求自己进行复盘，但他们所做的其实叫复习。他们把学到的东西再巩固一遍，回顾老师讲的内容和自己所做的练习，这些也可以说是回忆或者说强化记忆。

从复盘的角度来看，这只是完成了反观的一部分工作，但还不够彻底，我们还要去看之前所学的内容如何和自己的实际工作相结合，知识如何去落地和应用，从而让自己的工作效率有所提高。我们还要对照学习的内容，看自己有哪些优势和不足，找出问题的关键所在，然后才能有机会弥补不足。

这就是"能反观"。

这个过程一方面是回顾和记录，还原过程，复原内容，掌握复盘的基本材料和数据，另一方面，还要求我们有反求诸己的精神，把目光从外部世界收回来，把手指指向自己，找出自己的问题，找出自身可以改变的点。只有这样，个人的主观能动性才有机会发挥出来。

我们一般做事的逻辑是"按照我的思路"，这背后其实透露了一个重要的心理——听我的。

所以在复盘的时候，我们首先要做的就是反观自身。就像达利欧提出的那个问题：我怎么知道我是对的？

比如，家里来了客人，作为家长你希望自己的女儿将玩具跟客人的孩子分享，但是你孩子的表现令你非常失望，她一点儿也不愿意分享。你刚开始还对她好言相劝，慢慢地，你的话里就夹杂了言语威胁，最后竟演变成了打骂，家里气氛立刻变得乌烟瘴气。

从结果倒推，家里气氛不好，发生了什么呢？原来是你打了孩子。你为什么要打孩子呢？因为她不愿意与别人分享自己的玩具，你觉得她非常没有礼貌。

再去倒推，你会发现孩子不配合，让自己在客人面前失了面子。让她把玩具跟别人分享，这是你的需求，不是孩子的需求。

再倒推，你可能会发现，孩子只有先学会拥有，才能学会分享；你可能会发现，自己之前对孩子的教育方式有问题，你让孩子养成了吃独食的习惯，没有学会分享；你还可能发现，自己一直也是这样，跟人交往不愿意多付出，只是一味索取，所以孩子也不知道什么叫付出和分享……

最后你会在自己身上发现很多问题，这个过程就是反思，我们用的是"得—为—观"倒推的方法。

一般的复盘最多就到这里了，实际上还有更高的复盘层面——反省。有了反省，自己反思出来的问题，才能得到真正解决。反省是从事上回到心上，去看自己的起心动念。

反观、反思依然是在"术"的层面，而反省则是"道"的层面。只有"道"的层面，才真正有可能让人发生改变。因此，在反省阶段，要求我们做的已经不是思维上的推演，而是心的实修实证。

# 05

## 第五章
## 复盘六字诀

千言万语浓缩成几个字，这些字通常就是心诀。复盘也有这样几个字：慢、写、真、问、离、行。当我们理解了这些字的意义时，我们就知道复盘的关键之处，只要勤加练习，每个人都可以掌握其中的诀窍。

# 第一节　慢——以慢为快

如今是信息爆炸和信息超载的时代，我们的生活每天被电脑、手机等电子设备所占据，我们成了名副其实的"低头一族"，每个人都在赶时间、赶作业、赶业务。

在超负荷的信息输出面前，独立思考成了一件奢侈的事。欧洲工商管理学院教授特奥·康普诺利为此提出了"慢思考"的概念，并给出了一条非常重要的忠告：彻底离线。我们每天都需要抽出固定的时间，关掉手机和其他电子设备，专心工作或思考而不被打扰。在这样一个随时在线的时代，我们要有决心做到定期离线。书中指出，如果你没有自由的时间来做白日梦、胡思乱想，那你的创造力一定非常有限。

我们需要用离线的方式让自己保持足够的好奇心和创造力，让自己的思想保持活跃、不被制式化，我们需要在快节奏中保持慢速前进。因为慢才能快，少才能多，对学习、成长或工作来说都是如此，欲速则不达。

在复盘中，如果你就像对待任务那样去"赶复盘"，效果一定不能令人满意。复盘需要足够的时间，需要你放下所有的事情，给自己离线的时间，让身心放松。我们5分钟就能写完日志，日志很简单，列一些要点就可以了，但是写日记却需要 50 分钟。

最好的复盘是复盘日记，而非复盘日志。复盘不是在你繁忙的工作之中添加上的待办事项，然后找时间匆匆完工。复盘像一件艺术品，需要你放慢速度，慢慢打磨。

成甲在《好好学习》这本书中指出，他每天要花两个小时进行反思晨修。可能很多人会非常不解，需要这么长的时间吗？其实，这是有道理的。

每天早晨，当你静下来准备做复盘的时候，你的大脑开始搜索过往的记忆，昨天到底都干了些什么，但好像都记得不是太清楚了。于是你使劲回想过去，寻找到两三件事，然后一个一个把它们的发生过程梳理出来。假设每件事花了 10 分钟的时间，3 件事就需要半个小时。当然，这只是个粗略、笼统的统计。

等记录完毕后，你开始反思。反思更是需要花费大量时间的，它没法像工厂里的生产线那样，把原材料从一端放进去，很快就会从另一端把成品生产出来。反思这件事没法用时间来固化和量化，很多时候，关于人生、关于团队的大反思，通常需要非常长的时间、花费非常多的精力才能完成。

企业家曹德旺在福耀上市之后，面对公司发展中遇到的第一次危机，到底该何去何从，他花了一年多的时间去反省与调研。这个过程中，他拜访过各类专家，深入研究过《定位》，先后两次去美国福特博物馆参观，他不断突破自己的认知边界，最后才形成了清晰的改革蓝图。

笔者有一个客户，是一家环保健康类企业的董事长，他非常重视复盘，几乎每天都坚持做复盘，创业几年下来，也写了几百篇复盘日记。他每天晚上都会花 2～3 个小时的时间来反思，不过反思的方法跟一般人不太一样。一开始他什么都不做，就是在那里回顾当天发生的所有事情，让这些事情一遍遍地在脑海里放电影似的过。最后等所有事情都过完了，他才拿起笔把当天的主要收获整理出来。

复盘时，你会洞察到很多以前忽视的细节，包括自己身上存在的问题、工作计划中存在的漏洞等。公众号"辉哥奇谭"曾经谈到过一次部门季度 OKR[1] 复盘的经历。这次复盘他们花了将近 4 个小时，加上后续的讨论总共不少于 8 个小时。这只是第一周的用时，如果算上后续对其他议题的讨论，这次的复盘周期可谓是相当"漫长"。他们却在这次看似"没有效率"的复盘会议当中收获颇多。

复盘的时候大家突然发现还没有找准自己的定位：表现为缺少明确的工作目标，也缺少针对客户的非常明确的价值主张。所以他们开始对这件事进行深刻反思，发散思维并寻求"共识"，仅仅这个议题他们就花了 4 个小时的时间。

在这次复盘过程中，他们追求的不是表面的效率，而是透彻的对整个季度工作情况的分析。这次复盘让每个人都充分表达自己的意见，尽可能发现大家意见的差异点和主张的分歧点。以往他们认为"共识"最重要，但这次意识到解决"团体之间理解上的差异"更有价值。后续，他们还就更多细枝末节的问题进行了多轮讨论，复盘过程可谓"旷日持久"，但复盘效果却出奇地好。

这就是慢的功效。

---

1　OKR：Objectives and Key Results的缩写，即目标与关键成果法，是一套明确和跟踪目标及其完成情况的管理工具和方法。

　　一位徒弟问师父："师父，以我的努力多久可以开悟？"

　　师父说："十年。"

　　徒弟又问："要十年吗？如果我加倍苦修，需要多久开悟呢？"

　　师父说："得二十年。"

　　徒弟很是疑惑，于是又问："如果我夜以继日，只为禅修，又需要多久开悟呢？"

　　师父说："你永无开悟之日。"

　　徒弟惊讶地道："为什么？"

　　师父说："如果你只在意禅修的结果，又如何有时间来关注自己呢？你只看见结果，就无法静下心来，那永远也无法得到那个结果。"


　　越急，就会越慢。相反，慢下来，才会让我们有机会更加专注从容地做事。复盘的时候，调整自己的情绪和状态，让自己放松，然后开始慢慢地去回顾和反思。这是一个慢功夫，就像文火炖汤一样，需要慢慢熬制。

# 第二节　写——以笔当剑

第二诀其实很简单，就是一个字：写。

你把事情写下来和只是在头脑里想一想，是两码事。

很多时候，当你只是想的时候，你会觉得自己很有想法，有好多灵感，但是当你要把它们写下来的时候，你不一定能够准确将其表述出来。

输入有时候都很容易，比如看本书，翻来翻去，想看哪里看哪里，想怎么看就怎么看，躺着看也行，站着看也行，但是一旦要输出，就未必那么容易了。你需要收摄身心，按捺住躁动的神经，制心一处去写，把之前所有的积累一点点地用自己的言语表述出来。

复盘也需要写，而不仅仅是在头脑当中想一想，写的过程，可以让你眼到、手到、心到。

写的过程本身就是知识生产的过程。当你开始生产属于自己的知识，生产属于自己的学问，那你就从知识消费者变成了知识生产者。

以前，你是花费自己的时间、精力、金钱去吸收别人生产出来的知识；现在，你开始自己生产知识，不断总结经验，提炼属于自己的做事原则和方法。

把一件事的来龙去脉、前因后果都梳理清楚，写下来能确保你尽可能地穷尽相关的细节；能够让你借助文字书写延长自己的思考时间，做更深入的思考；能够让你对问题的观察变得更为具体，甚至让你重新思考你所遇到的事或物。

写，是一件有繁殖能力的事情，它会顺带引发涟漪效应，给你带来很多意想不到的惊喜。

## 第三节　真——本色表演

第三诀，是真。

真，也就是所谓的本色表演。很多人的复盘不够真实，避重就轻，总是谈一些浮于表面的东西，这是因为他们缺乏直面自己的勇气。

复盘、反思的真谛也在于一个"真"字，真实的人、真实的时间段内、面对真实的问题、真实的复盘与反思、提供真实的解决方案。如果我们脱离了"真"字，那很多行为就成了作秀。

前面我们提到，反思同时也是自我表露的过程，这就是所谓的"本色表演"。认知升级的关键因素之一，就是在总结反思的过程中尽量做到自我表露，提出自己存在的真实问题，提出自己对问题的真实想法，提出自己真切存在的不足，提出自己对问题的不解之处，并对以上问题进行深入的思考。

"本色表演"和"自我表露"都是自我成长的前提。

有人把写复盘当成了写日记。日记算不算复盘，要看在日记中写了什么内容，如果没有反观自身、反求诸己，如果没有深刻的自我剖析、没有改善的方案，那就是普通的日记。

另外，复盘本身就是一种自我反馈，就是去看生活到底给了我们什么反馈，然后去不断地调整自己的行为，以创造更好的生活。

　　不过，每个人都有个人能力上的盲点和局限性，因此如果能在一个小的范围内征求到别人对于自己复盘的反馈意见，效果会更好。这就要求我们要提供足够真实的材料，这样别人才能看到更多，才能真正帮到我们。

　　复盘中的真就是去面对真实的生活，或寻求他人的真实反馈，借助外部的视角再去看我们的生活。

## 第四节 问——自问自答

自问自答是一种非常有效的思考方式。向外求，不如向内求，我们首先应该请教自己。我们最好的解决问题的方法就是向自己提问，并且自己尝试回答，如此不断推演和论证。

自问自答需要我们养成好的独立思考的能力，而不做一个"伸手党"。我们遇到任何事情都寄希望于别人，长此以往很难成长。我们虽说要向高手学习，向牛人请教，但也别忘了向自己学习，而且向自己学习可能占用我们更多的时间。

稻盛和夫也经常用自问自答的方式来进行自我反省，可以说，稻盛哲学就是稻盛和夫通过持续反省、不断自问自答总结出的智慧之花。他说："日常生活中我们需要对各种事情做出判断。这时，瞬间产生的第一反应，往往出于本能的'贪嗔痴三毒'。"因此，在正式做出决定之前，需要暂且保留条件反射式的判断力，然后自问自答："我这个想法、这个判断，是否出于'三毒'，是否夹杂私心？"

2019年7月，在最后一次盛和塾世界大会上，88岁的稻盛和夫面对来自全球各地的4800名塾生发表告别演讲。他最后说："以前都是我作为塾长对大家讲话，以后大家要学会自问自答。"

我们也需要将自问自答这种方式引入复盘当中，就一些重要的人生问题进行反复的自我对话，以期找到行为判断、安身立命的基本原则。

而所谓自问自答，实际上就是一种自我对话。人有多个自我，这在教练技术的创始人加尔韦那里被认为是自我 1、自我 2，在《思考，快与慢》的作者丹尼尔·卡尼曼那里被认为是系统 1、系统 2。

我们自己的感觉通常是好像有另一个自己，这两个自己时常会进行自我对话。我们可以在复盘的过程中，通过这种自我对话反复探讨、验证自己的想法，从而获得全新的认知。

得到应用程序"人生算法"课程的主理人老喻曾经提到过"双我思维"，就是你在思考问题的时候，把自己拆成两个人，左边一个你，右边一个你，让他们俩对话。

老喻说："不要小看这个方法，我们常常说中国人缺乏批判性思维，这个简单的方法就可以有意识地训练思维的'批判性'。很多在自己领域非常成功的人，就是用了'双我思维'的决策方式。"

有很多人是"双我思维"的高手，老喻为此举了三个例子：富兰克林、查理·芒格、橡树资本创始人霍华德·马克斯。

富兰克林应用"双我思维"的方法叫"道德代数法"。他把自己的思维分作两个人，一个代表正方，一个代表反方，然后会找出一张纸，在中间画一条竖线，分成左右两栏，左边写上正方，右边写上反方。他会在正方这一栏写下赞成的想法，在反方那一栏写下反对的想法。接下来，他会以一个冷酷的第三者身份，给左右两边的想法打分。最后，他会根据两边最终的分数结果来做决策。

而"双我思维"到了查理·芒格那里就变成了"双轨分析法"。跟富兰克林一样，芒格也把自己分成了两个人，一个是"理性的我"，一个是"潜意识的我"。他会分别对这两个"我"进行提问，先问

"理性的我"，哪些因素真正控制了涉及的利益，然后他再问"潜意识的我"，当大脑处于潜意识状态时，会自动形成哪些想法。

霍华德·马克斯则把自己的思维分成了两层，"第一层思维的我"和"第二层思维的我"。"第一层思维的我"是一个普通的我，和平常人差不多的我；"第二层思维的我"是一个高我，既想到"第一层思维的我"想到的内容，也能超出"第一层思维的我"进行思考。比如对于要不要买一家公司的股票，"第一层思维的我"通常会说，这个公司不错，我们买吧。但"第二层思维的我"就会跑出来说，不行，如果人人都认为它是一个好公司，那么它就不是一个好的投资标的，我们卖出吧。

实际上，这种"双我思维"就是一种自我之间的对话。无论是富兰克林的"道德代数法"，还是查理·芒格的"双轨分析法"，抑或是霍华德·马克斯的"第二层思维法"，都是自我对话的一种有效的应用方式，我们可以在复盘的过程中，充分应用这种方式。

自问自答的时间也是一个独处的时间。独处可以是一种生活方式，可以是一种自我赋能，也可以是一种自我认知。现代人喜欢社交，不过社交之后更需要通过独处来沉淀，运用自问自答，可以是高维的自己与低维的自己对话，也可以是未来的自己和现在的自己对话。

# 第五节　离——抽身事外

复盘的第五个要诀：离。

离开、抽离，你要从原来的事情中跳出来，不要身陷其中。

按照笔者的经验，第二天早晨对昨天进行复盘，是一个相对比较好的时机：

第一，前一天的记忆相对完整地保存，同时你经过一夜的休整，可以更加客观平静地看待过去一天的经历，此时的复盘会更加客观；第二，早晨头脑相对比较清醒，思维比较活跃，能注意到更多的细节。

晨间复盘的好处还有就是可以保持抽身事外的状态。

为了保证这种抽离感，你在复盘时最好能够排除干扰。相对于团队复盘来说，个体复盘更需要一个不被打扰的空间，在这个空间里面，你可以自问自答、自我探索。

有些人喜欢在公司里复盘，这不是一个好的复盘空间，一方面是容易被打扰，另一方面是不容易从大环境中跳出来。最好换一个地点，比如公司附近的咖啡馆，确保自己能从事件中抽离出来。

有些人喜欢出差的时候做复盘，因为身在异地，离开了自己熟悉的地方，再去看自己之前的工作和生活，能够更加客观，这都是为了营造抽离感。

前面提到富兰克林的"道德代数法"，当他把正反两面的想法都梳理出来之后，就会以一个冷酷的第三者身份进行打分，这就是一种抽离。

复盘有时也需要拥有"秒变小白"的能力。像乔布斯、马化腾、张小龙这些大神，当他们面对自己的产品时，可以在几秒钟之内将自己转换成普通用户的身份，从而发现真正的需求以及产品需要改进的地方。

实际上，"秒变小白"的能力就是在为自己创造一种"第二身份"，用这种身份去重新观察和思考，甚至是重新定义一切。

演员最重要的就是能够入戏，甚至是成为那个角色，演出角色的魂，如此才能打动人心。不过一个好演员还需要有一种出戏的能力，知道角色是角色，自己是自己，能够卸下妆容真实客观地评价自己的表演。入戏，是一种进入某种状态的能力；出戏，是一种抽离某种状态的能力。

碧昂丝对入戏、出戏游刃有余。她可以在舞台上忘我地表演，气场强大，像女王一样闪闪发光，也可以在演出结束以后快速变身产品经理，成为旁观者。她通过反复观看自己的演出录像带，找到需要改进和提升的地方，并及时记在笔记上，转发给伴舞、乐队、摄影师等相关合作伙伴。

人生如戏，在我们入戏的同时，也要具备出戏的能力，成为冷静的旁观者，客观地观察自己。

# 第六节　行——行动导向

复盘是为了行动并达到目标，如果没有行动，复盘就失去了意义，最后甚至成了为复盘而复盘。

因此，第六诀就是行。

没有单独的复盘，也没有单独的行动。行动和复盘是一个整体，你做一件事，做得怎么样，怎么才能做得更好，你需要一边行动一边复盘，复盘以后再去行动，行动以后再去复盘，这是一个周而复始、循环往复的过程。

成果 = 一半行动 + 一半复盘。

行动和复盘这两者都是不可或缺的。在复盘公式当中，我们需要找行动指南，找方法论，探究朝哪里走，怎么走，如何解决问题，把这些找到，然后就可以谋定而后动了。

这就是行动导向。

复盘过程中，思考如何改善，如何行动，接下来该怎么做，最优的方案是什么。我们要始终牢记，把对事件的反思引导到行动上去，这样才能进入"复盘—行动—再复盘—再行动"这样一个正向的螺旋循环中（见图5-1）。

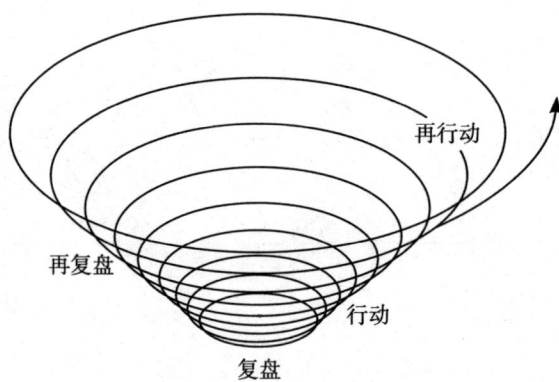

图 5-1　复盘—行动—再复盘—再行动

# 06

## 第六章
## 如何构建日周月年复盘体系

　　一个人能否取得成就，不仅取决于行动，还取决于行动背后的反馈。日周月年复盘体系恰似一套评价反馈系统，为人生保驾护航，帮助我们校正方向，少走弯路，顺利抵达目的地。

## 第一节　每日复盘——有一种成长，叫作"与日俱增"

人行事有两套系统，一套是执行系统，一套是指挥系统。执行系统主管实施、行动、落地、执行，指挥系统主要负责评价、反馈、考核、打分，然后再将评价结果提交给行动系统去修正。

简单讲，行动系统负责干活，评价系统负责反馈，评价系统从来不会亲自行动，两者各司其职、各得其所。

日周月年复盘体系就是一个行动者背后的评价反馈系统，它推动行动者在行动中持续反思，在反思中不断校正行动，从而持续前进，日复一日，年复一年。

稳健有效地实施这套体系能帮助人们取得成就。为了更简洁地说明这套体系，这里分别用"日盘""周盘""月盘""年盘"来代表每日复盘、每周复盘、月度复盘以及年度复盘（见图6-1）。

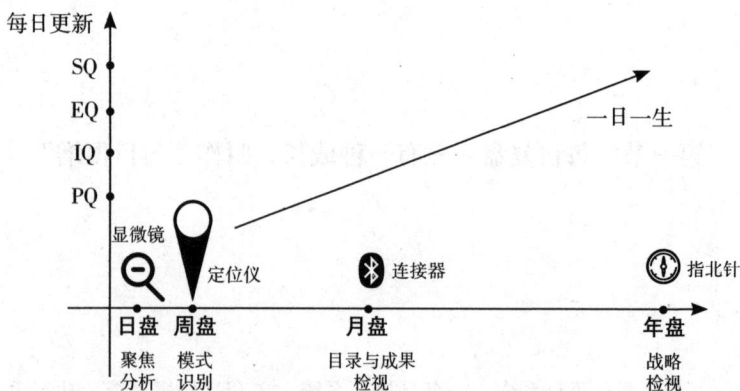

图 6-1　日周月年复盘体系

周盘是阶段性的回顾总结，在相对较长的时间段内做整体检视，从一些常见的现象以及共性行为中寻找固有的模式，并进行识别。它就好像定位仪，确认当下的优势与劣势，聚焦当下的主要机遇与挑战，有重点地进行突破。

月盘是从更宏观的角度去观察过往一个月内发生的事，连接短期行为和长期行为，将每天、每周的行动和年度目标连接起来，初步检视。

年盘主要是对一年进行盘点和总结，检视年度成果并制订新一年的规划。它主要是从战略层面进行检视，就像指北针一样，确保方向始终围绕人生的"真北"。

由此可见，日盘、周盘、月盘、年盘的核心和侧重点是不同的，但它们也相互联系在一起。日盘、周盘、月盘、年盘合在一起，共同构成了覆盖面较广的评价系统，不断促进个人能力的提升。

### 盘感

做股票交易非常讲求"盘感"，通常，良好的盘感是投资的基础。这里的"盘感"指的是对市场的敏感程度，换句话说，就是对于市场动态变化过程中的潜意识反应。

做复盘的人也是如此，也需要掌握盘感，这样才能在复盘中有所收获，而训练盘感的方法就是从每日复盘开始的。

每天过完之后，我们要对当天进行一次复盘，问问自己"今日何成"。我过得怎么样？我有没有收获？我学到了什么？

我们可以把需要复盘的事集中在一个时间段来做，比如睡前花一点儿时间，10分钟、半个小时，也可以花更多的时间，或者选择在第二天早晨对昨天进行复盘。第二天早晨复盘的好处在于第二天早晨整个人的状态会更加清醒，能够更客观地去回顾昨天一天的表现。

### 复盘的"手上功夫"

任何一个技能的获得和深化都需要每日训练，郎朗在成名前每天练钢琴6小时以上，成名以后依然每天练琴2小时以上，他的成功除了天赋，就是得益于每日的勤学苦练。郎朗说："不练等于慢性自杀。"

姜文在《晓说》中说过："没有训练，他一定成不了郎朗。……你一定要注意训练的重要性，这（手上功夫）不是天生的。"

如何获得复盘的"手上功夫"呢？这必然涉及刻意练习。只有每日勤加复盘，就像曾国藩扎硬寨、打"呆"仗一样，我们才能在不知不觉中提升复盘能力、思维能力、观察能力。

那么，日盘花多少时间比较合适呢？

建议新手每天用 1 ～ 2 个小时做复盘。

一个人在森林里遇到一个砍柴人。

砍柴人几乎花了大半天的时间在砍一棵大树，累得大汗淋漓、精疲力竭。于是这个人建议砍柴人把斧头磨一磨再砍。砍柴人回答道："我砍树都来不及，哪儿有时间磨刀呢？"

这就是问题的关键。因为害怕浪费时间，所以很多人急着做一件事，匆匆忙忙，反倒很难把事情做好。虽然磨刀花费时间，但事先做好充分准备，能使后面的工作效率更高。因此，在做每日复盘时，我们要有一个重要的心态，那就是提醒自己每天花一两个小时做复盘并非浪费时间，而是给自己"每日磨刀"的时间。只有持续打磨自己，一个人才会慢慢变得不同。

歌德[1]说："经验只是经验的一半。"你活了很多年，你干了很多事，并不代表你就自动获得经验了，因为还差另一半，就是对你做过的事情进行回顾和反思。

一天过完了，并不代表你就获得了这一天的经验，你需要对这一天进行总结。每日复盘，实际上就是在让我们保持不断更新，以确保

---

1　歌德，全名约翰·沃尔夫冈·冯·歌德，德国著名思想家、作家、科学家，魏玛古典主义的著名代表。

获得每日的成功。

## 日盘的注意事项

日盘的步骤，就是"复盘三角"的三个步骤，我们来简单回顾一下。

第一步：记录。当天发生了什么，一整天都去了哪里，有什么重要的事情值得回忆，与哪些人在一起，都有着怎样的互动和对话，当天的情绪状态如何，把这些都一一记录下来。

第二步：反思。选取几件你觉得重要的事情，剖析其中值得反思的点，可以以情绪为线索，也可以选取当天与你有交往的一两个人，反思交往的过程以及互动的模式。

第三步：提炼。为某个问题找到一个解决方案或者为某件事制订下一步的行动计划，用一句话说明自己想做什么、想怎么做，有什么值得注意的事项，从而整理出你的处事原则。

在做日盘的时候，有几点注意事项：

### 1. 记录≈复盘

在刚开始做日盘的时候，很多人会有些畏惧，主要畏惧的点在两个方面：

第一，有必要做这么多的记录吗？

答案是有必要。

记录的过程就像让一张模糊的照片慢慢变得清晰的过程。当事件变得越发清晰时，你自然会看到很多之前看不到的问题、错误的行为习惯、固有的模式，等等，这些都必须依赖于记录。

所以，一开始的时候不要顾忌太多，不要避重就轻，老老实实做一些最基础的工作，能多记录一些就多记录一些。

你也不要担心自己的记录是流水账，当你带着目的去记录，它就不再是流水账，而是珍贵的资料。

第二，到底怎么做复盘呢?

很多人以为复盘就是多思考，他们害怕自己思考水平有限，不知道该从哪里入手，怕会卡壳，会思考不下去，但又抓着思考这个点不放，以为要多思考才算做复盘，才没有白白花费时间。

但通常情况是，这样去做的人往往会陷于各种思绪当中出不来，只在头脑层面活着。

人的很多信念、情绪、想法就隐藏在每天发生的一些事情的细节当中，如果不回到这些细节当中，我们很难谈得上在复盘。

这就要求我们重视记录这个环节。

由记录自然而然地延伸到复盘，这是我们引导人做复盘的套路。你要做的就是先迈出第一步，然后第二步自然就会慢慢开始。

最好的复盘就是忘记复盘。

这也是笔者经常跟新学员提"记录≈复盘"的原因。当你记录做得足够好的时候，复盘也就在其中了——这需要你放慢速度，回到某个实践中，慢慢地去"过一遍"。

没有足够的记录，复盘也很难展开；没有原材料，你就会为了复盘而复盘。

## 2. 确定固定的复盘时间

我们把一件事情固定下来的好处是，到某个点你就会自动去做这件事。就像到点了就吃饭、到点了就起床一样，你会形成习惯。

有些人喜欢在早晨做复盘，比如成甲；有些人喜欢在晚上做复盘，比如笔者在前文中提到的一个客户，他喜欢每天晚上花很长时间去思考当天的得与失。如果你习惯于晚上睡前做复盘，那就每天都在这个时间点来做这件事；如果你喜欢早上做复盘，那就坚持每天都在晨间做这件事，让复盘的动作成为习惯。

每天固定时间复盘，形成习惯，就不容易被其他的琐事打乱。

### 3. 随时随地复盘

在每天当中，我们说要找固定的时间进行复盘，并非意味着就一定是晚上或者第二天早上空出大段的时间专门做这件事，其实我们还可以利用空闲时间复盘。

随时随地复盘，要求我们处在一种"觉知"的状态中，这种状态可以用"正念"来形容。

保持"正念"，当事情发生的时候，你就会提醒自己不要掉到同一个坑里；当你在跟别人谈话的时候，你会做到认真倾听；当你感到痛苦的时候，你会做好记录，等痛苦过后再及时进行反思；当工作做完以后，你会立马反思刚才的处理方式是否不妥。

当然，有人说在固定的某个点做复盘，比如睡前，会发现很多事情记不住了。于是他们养成了随时随地记录的习惯，或者说分段记录的习惯，只要记得起来，就停下来记录一下过去一段时间内发生了什么，就像李笑来在自己家的厕所里专门挂一个本子，只要上厕所就会记上几笔一样，这也是一种不错的做法。

### 4. 复盘日记 vs 复盘日志

有人 5 分钟就可以写完复盘，有人要花 1 个小时、2 个小时才能完成每日复盘，前者叫复盘日志，后者叫复盘日记。

复盘日志主要是清单式的，列出一些要点和关键点，不会长篇大论，相当于内容提要，方便你在繁忙的工作中使用。

你可以根据当日的情况，有选择性地采用日志或者日记的形式。

### 5. 复盘方式的选择

分类复盘非常适合做日盘，就是把自己的生活分成好几块，比如学习、家庭、理财、身体健康等几个方面，分别对每个方面进行梳理。

除了用"九宫格复盘法"做日盘，我们也可以用"4Q复盘法"，从身体、心理、情感、精神四个方面对当天进行复盘，看这四个方面做得怎么样。

对标复盘，也是日盘常用的一种方式。

对标复盘需要找到一种对照的标准，很多人会用稻盛和夫的"六项精进"以及史蒂芬·柯维的"七个习惯"来作为参考标准。

长期用以上这些方法进行对标练习来复盘，那么自己对于某个相应原则和能力的把握一定会越来越好，从而提升自己的效能。

正所谓，对标才有可能创标。

## 第二节　每周复盘——有一种进步，叫作"周而复始"

相对于日盘，周盘的跨度更大，所以它关注的重点与日盘肯定是不同的。

周盘就相当于局部观景，从相对大一点儿的画面来看一个时间段之内的整体情况，从而可以看到共性的东西——月盘、年盘同理。

周盘最好固定一个时间段来做，比如周末的某个晚上或者周一早上，根据你自身的情况来确定；最好长期保持这样的节奏，以周为单位，循环往复。

### 周复盘的主要内容

每周复盘的内容可以包括以下几个方面：

#### 1. 本周主要事件回顾

我们要回顾过去的一周，梳理主要发生的事、重大的收获、重要的进步、重要的谈话，以及遇到的问题与挑战，等等。

很可能让你很有收获的事件就是一件微不足道的事，比如下楼梯时突然想到了一件让你情绪起伏的事，然后突然间就有了特别的感悟。这是很难预料的，有时也是无法言说的，这就是一个不容忽视的主要事件。

### 2. 工作经验总结

这一周发生了很多事，你也总结出了很多原则、方法论和行动指南，针对某个问题如何解决，针对某个会议该如何举办，针对某类事情该如何判断和选择，你总有自己的应对措施。从这一周的实践来看，这些措施是否有效，是否需要进一步调整。然后，你要把这些措施整合起来，甚至挑选出对你来说最重要的几条措施，对它们进一步打磨，加到你的工作经验汇总表中去，这些都是你的智慧宝库，是你下一步行动的指南。

### 3. 对标反思

按照类似"高效人士的七个习惯""六项精进"这样的经典原则，或者是你个人长期依循的价值观，检视一下自己这一周的所作所为与上述原则、价值观是否相吻合，是否存在差距，是否做到了"以终为始""要事第一"，是否做到了"付出不亚于任何人的努力"。然后思考这些事情的阻碍是什么，下一步你该如何来调整。

### 4. 价值观梳理

在每周的复盘中，你可以回顾和梳理自己的使命、愿景与价值观。以下一些问题可以帮你更好地思考这些问题：你为什么而活着？你如何成为父母的骄傲和孩子的榜样？你想从事或者成就的事业是什么？你对什么东西最感兴趣、最有热情？什么东西对你来说最重要？

你的优势和核心能力在哪里？你喜欢现在做的事情吗？你还可以怎么做？你的客户或者说服务对象是谁？你想带给他们什么？

### 5. 每周反省

除了基本的回顾、整理、总结、对标，你还可以做一件事，就是在周末的时候做一次深度反省。复盘有三个层次：反观、反思、反省。反观是转身看自己，反思是进行模式识别，反省则是在这两者的基础上，从事情回到念头，去分析自己每个行为背后的动机。

### 6. 检视年度计划落地情况

一年有 52 周，也就是有 52 个检视年度目标落实情况的机会。你要检视一下年度目标的进展情况以及存在的问题，适时地予以调整和纠偏。

检视重要事项的推进情况，要从事情第一的角度去看，分析自己这一周所做的事情跟年度目标的关联度大不大，是否忽视了重要事项的推进。所以，每周都要适时停下来，自问什么是最重要的事，以及自己是否正在做最重要的事。

### 7. 下周计划

根据上一周的整体进展，安排好下一周的主要工作计划。可以按照你的角色、目标、任务来分解你需要做的事情，并把最重要的事情放在最优先的位置，不贪多求大，少就是多。每周计划需要以原则为中心，考虑工作与生活的平衡，兼顾身体、家庭、学习、财务、工作、亲友、社区等多个方面，如果一周兼顾不了，需要在下一周予以适当倾斜。

## 周盘的核心行为：模式识别

人都有固有的行为模式，很多人活在固有模式当中却不自知。

做日盘的时候，我们可能会陷入具体的情境和细节当中，会发现很多细枝末节的地方存在问题，从而对于整体的认识可能不够清晰，对事物内在的规律可能也很难有足够的把握。

当某个不好的行为经常出现在你的生活当中时，如果你足够敏感，就能意识到这可能是自己的固有模式，需要将这个行为标记出来，想办法予以重点改善。

因此，在做周盘的时候，我们有一个重要的任务，就是寻找过去的一周中，我们有没有固有的行为，有没有一些问题和信号反复出现，这就是所谓的模式识别。

在零碎的事件当中，我们很难发现模式，只有在连续的时间，在多个行为事件中，我们才能发现它们的规律。

笔者有一个学员，有一次她因故求助于一个热线电话，可是还没说两句就把电话挂了，因为她发现接线员比她还急躁，她觉得受到了伤害，怒不可遏。第一次，她觉得自己不够理智，怎么这么冲动。

还有一次，她正在自己的房间里工作，孩子跑过来跟她说话，她就有一搭没一搭地应付着。刚开始还能照顾孩子的需要，可是慢慢地，她发现一股急躁的情绪冲了上来，她突然朝孩子发火，指责孩子打扰她的工作，让他出去。

有一次先生跟她说一件事，提醒她要注意，她知道先生是为自己

128

好，所以也表示认同和接受。可是没多久，先生再次说起这件事，并再次提醒她，她当下就火了，开始反击对方，让对方管好自己。不过很快她就意识到自己的失态，不再说话。

这几件事单独看，也许意义不大，就是一个个零碎的事件，但是联系起来，她突然发现自己的一个模式，就是很容易歇斯底里，情绪常常会在某个时刻迅速失控。这就是固有的模式。

你有机会看到自己的固有模式，那么就离解决这个固有模式更近了一步，有时甚至能够在意识到后立即改正，正所谓"看见即疗愈"。

### 周盘的关键任务：更新你的原则库

很多高手有着自己的原则。

达利欧的《原则》这本书中提供了400多条关于工作和生活的原则，正是这些原则帮助达利欧从一个普通人成长为这个时代最成功的人士之一。

国内也有很多这样的人，比如陆奇。有人评价陆奇说：陆奇为什么这么值钱？是因为他的原则值钱。

那陆奇都有哪些原则呢？

　　原则一：坚守价值观——"对的事情，再难也要去做；错的事情，诱惑再大也不能做。"
　　原则二：永远正能量——"做人一定要充满正能量。"
　　原则三：高度自律。

　　原则四：每天学习——"人生不是线性的，不要以为一班车就能把你从现在的位置带到你自己所期望的位置。""我把自己想象成是一个软件，今天的版本一定要比昨天的版本好，明天的版本一定要比今天的版本好。"

　　原则五：把公司当成个人事业——"我可以坦诚地跟每个人讲，如果你把公司的使命、把公司的事业，当成你自己个人的事业，你在职业生涯中一定是走得最快的。看到机会不需要问别人，有机会就去做，看到问题也不要去问别人，就把它 fix（解决），从身边的每一件事情做起。"

　　原则六：从我做起——"要求别人要做到的事，我一定会首先做到。"

　　原则七：谦逊真诚。


我们在平时每日的复盘当中，会提炼出很多原则，但是这些原则有没有效，能否落地，需要定期进行检视。原则体系是需要动态更新的，并非一成不变的。就像达利欧提供的 400 多条原则，绝对不是一蹴而就，一定是经历了很多年的修改和调整，从 1 版到 2 版、3 版……不断升级到我们看到的最新版本。

　　因此，在做周盘的时候，我们有一个重要的任务，就是更新你的原则库。有的原则需要加进来；有的原则需要删除；有的原则需要用新的语言去表述；有的原则互为重复，需要合并同类项。

　　另外，原则也有大小之分，大到关乎人生战略与安身立命的根本，比如陆奇的那七条原则；小则可能仅针对做某一件事，或涉及更为微观的层面。

　　你需要花时间去琢磨和确定自己的原则，并在更新原则体系的时

130

候，铭记一个重要的原则，就是"记得住、用得上"。

李笑来曾经提到他在读高中的时候，有一个同学经常说这么一句话："咱是谁啊？！"这句话"不小心"影响了他的一生。这句话的意思是：

"咱是谁啊？！"——所以，"有些事不能做啊！"

"咱是谁啊？！"——所以，"这产品拿不出手啊！"

"咱是谁啊？！"——所以，"这件事做成这样怎么好意思呢？"

"咱是谁啊？！"——所以，"这件事得做到这样的程度才行！"

这句话就是一个很好的原则。它不一定文雅，不一定精致，但是它切实有效，我们需要去找出这样的话。每当我们说出类似的话时，我们的行为就会改变，这才是我们想要达到的目的。

我想偷懒的时候，突然冒出来一句话："咱是谁啊？！"——所以，"咱怎么能偷懒呢？"于是我继续努力奋斗。

我想推卸责任、逃避问题的时候，突然冒出来一句："咱是谁啊？！"——所以，"咱可不能做这种人！"于是我转而直面问题、勇于承担。

一句话起到了转变思维、改变行为的作用，当这句话出来的时候，我们固有的模式就改变了。

而反观另外一些话，"我是自己的主宰""我的命运我做主""在最美的年纪，别辜负最好的自己""没有比人更高的山，没有比脚更长的路"，等等，它们虽然也各有道理，但是不一定能有效地改变我们的行为。这些话就像我们平常摘抄的名言警句一样,虽然看上去很美好,但是作为原则就不大管用。

因此,通过以上这些案例,我们知道该如何去优化、更新我们的原则库,从而使得这些原则能够成为我们人生的"转换器"。

## 第三节　月度复盘——每年 12 次的加速升级

月盘相当于一个连接器，一边连着日盘和周盘，一边连着年盘。

一方面，它是对过去一个月既定成果的检视，反映日盘与周盘的成果；另一方面，月盘本身也是年盘成果的预示，如果一个月下来没有取得多少成绩，那么对年度目标就会产生或大或小的影响。年盘毕竟由 12 个月盘所组成，每个月盘都是年盘的 12 个影响因子之一，甚至其中的任何一个因子会和其他因子形成繁殖效应、连带效应，引起其他因子的变化。

所以，月度的检视，其结果就是一个信号，提示我们可能存在的风险和是否需要及时予以跟进和调整。

### 月盘的主要内容

#### 1. 梳理月度大事记

我们回望过去的一个月，从梳理月度大事记着手。小的事情可以交给日盘，月盘上要记录重要的事情，比如某项工作的进展、新启动的项目、某一次重要的经历、重要的谈话，等等，也可以从工作、家庭、身体健康、财务管理等几个方面去梳理。

**2. 找出做得最好的一件事以及急需改进的一件事**

过往的一个月，哪件事做得最好？为什么？这件事带给你的惊喜或者体验是什么？你是怎么做成的？这件事带来的繁殖效应有哪些？

你可以将做得最好的这件事作为你的成就事件进行拆解，总结其中的要点、方法、原则以及套路，形成相应的文章，并发表在自己的公众号上。

相反，你也需要找出一件最需要改进的事情，并问自己：为什么是这件事？自己对此耿耿于怀的原因在哪里？这件事对于自己的影响是什么？

**3. 检视各类习惯的推进情况**

彼得·德鲁克说："管理好的工厂，总是单调乏味，没有任何激动人心的事情发生。"管理好的工厂井然有序，做事总是按流程、标准有序地推进，很少有突发情况发生。其实个人也是如此，没有那么多的大事、新鲜事，有的只是按照既定程序推进，日复一日地重复某个有效的动作。有这样一个公式也说明了这个道理：

成就 = 人生核心算法 × 大量重复动作。

因此，定期检视十分必要，检视自己的各类习惯推进得如何，有没有持续努力，你的 100 天、1000 天计划落实情况如何……

**4. 检视自己的内在状态**

一项干预措施的成功与否，取决于一个人的内在状态。因此，检视个人过往一个月的心理状态，是复盘中非常重要的内容，对情绪进行梳理和剖析也是复盘的一条主线。比起事件本身，自己对某件事产生错综复杂的情绪才是自己要去觉察的。

我们要检视过去的一个月，自己的情绪状态是怎样的，做事时我们是充满信心还是迷茫无助，我们是满怀希望还是不知所措，是什么在影响自己的情绪起伏。

### 5. 找出收获最大的一个点

我们整体去看过去的这个月，自己收获最大或者印象最深的事是什么，为什么是这件事，它会给你接下来的一个月或者更长的时间内带来哪些行动上的改变。

### 6. 梳理问题和风险

我们要梳理自己在过去一个月中暴露的问题，并分析这些问题是新问题还是老问题。为什么它们会出现或持续存在？从这些问题中我们能看到自己有哪些固有的模式？这些模式可能给自己带来的风险是什么？为了解决这些问题，我们过往做过哪些努力？过去的一个月我们又做了哪些努力？如果不解决这些问题，结果可能是什么？

### 7. 寻找发力点

通过过往一个月的表现，我们要分析自己的优势，寻找个人最有可能发展的方向，思考自己的发力点在哪里。我们要再次界定自己的能力范围，即过往一个月是否在做自己能力范围以内的事情。

### 8. 寻求反馈

没有反馈就没有成长。一个人不能闭门造车，不能想当然地做事。我们需要听听其他人的意见，然后与自己的意见相结合，分析好坏以及有待改进的地方。我们可以找一个自己信得过的人作为自己的教练，寻求对方的反馈。这个前提是你能够做到相对开放、坦诚，充分披露自己的信息，对方也有一定的辅导经验。

### 9. 制订接下来的行动计划

我们要分析下个月的工作重点：最有可能突破的点在哪里？什么地方需要加强？什么地方需要暂时放缓？我们可以新启动或暂停哪些事情？……据此罗列出初步的行动计划。

## 月盘的核心任务：目标与成果检视

月盘的主要任务可以总结为目标与成果检视。一个月下来，我们要回顾并检查当月事情推进的效果、结果如何，有没有取得阶段性的成果，与自己预期的目标是否契合。

一天或许太短，一周或许时间也不够，很多事情很难理出头绪，各方面的细节都还没有落实，但是一个月下来，总得有些成果可以衡量我们的工作。

如果月盘总结不出任何成果，那么年度计划、年度目标就势必会受到影响。这个时候，我们就要停下来，看看哪里出了问题，排除客观因素，检查是原先的目标有问题，还是执行有问题。如果是前者，那么我们需要重新调整目标；如果是后者，那么我们就要检视哪个执行环节出了问题以及具体怎么补救。

做月盘时我们最好聚焦于一两件重要的事，好好深思，或许会有意想不到的结果。

在组织中，普遍存在这样一种现象：个人的 KPI 或者 OKR 只是随机几件事的堆砌，团队业绩指标只是几个人 KPI、OKR 成绩的堆砌，公司整体经营管理计划只是各个业务条线、业务部门业绩指标的堆砌。公司的战略方向是什么，公司的核心目标是什么，没有人知道，也没有人关心。

因此，月盘的重点，与其说是成果检视，不如说是目标检视，我们要再次检查、确认自己的目标到底有没有问题，到底值不值得为之奋斗一年。

笔者在辅导学员的过程中，经常会发现一种现象：一个人做了很多事情，但恰恰是最重要的那件事，他从来都没有关注过。因为他从来就不知道，对自己来说，到底什么才是最重要的事。

如何才能避免瞎忙、避免刷存在感，找到真正重要的那件事呢？

我们可以从三个方面入手。


## 1. "第一法则"

第一个办法，抓一个点，就是收缩战线，集中精力单点击破，我称之为"第一法则"。

"第一法则"有几个步骤：

第一步，你要列一张事务清单，把目前你在做的、即将要做的所有事情都列出来。

第二步，你要逐个打分。你要根据重要性对事务清单中的每一项进行打分，0～10分，0分代表一点儿也不重要，暂时可以忽略不计，10分代表最重要。一定要确定一个最高分，如果有多个10分的话，请确定优先级。

第三步，你要选出一件最重要的事。你要再次进行评估，直到选出最重要的事情为止，记住，最重要的事只有一件。

第四步，你要把大部分时间、精力分配给这件事，列计划、找资源、多行动、勤复盘。

第五步，这件事做完之后，你再从第一步开始重复这个过程。

这几个步骤并不那么容易做到，因为一般情况下，我们很容易选出三四件重要的事，但是从这三四件事中选出最重要的事，就不是那么容易的了。

而且，选完之后，你还要自问：

真的是这件事吗？

为什么是它，而不是其他的事情？

为什么这件事对我来说是最重要的？

我的目标是什么？

我是在做正确的事吗？

到底什么才是正确的事呢？

…………

慢慢地，这个清单会把你引向更深入的思考领域，帮助你一点儿一点儿地厘清你的价值观和愿景，帮助你做出最终的选择。

但不论如何，这里只要一个结果，就是你必须选出那件最重要的事情，而且必须是一件。

这就是"第一法则"，抓一个点，在这个点上做到单点击破。

## 2. "第二象限法则"

第二个办法，抓第二象限，把注意力集中在第二象限。这个办法暂且称之为"第二象限法则"。

时间的四个象限，相信你已经不陌生了（见图6-2）。

|  | 紧急 | 不紧急 |
|---|---|---|
| **重要** | I<br>危机<br>突发事件<br>有deadline（期限）的事务 | II<br>建立关系<br>预防性措施<br>真正再创造<br>明确新的发展机会<br>制订计划<br>培养一技之长<br>健身 |
| **不重要** | III<br>接待、接电话<br>某些会议<br>某些文字材料<br>一些公共活动 | IV<br>琐碎的事情<br>消磨时间的活动<br>某些电话 |

图 6-2　时间的四个象限

你要把你前面列出来的所有事情分布到四个象限中，看它们分别处在哪个象限。

也许大部分事情在第一象限，这是很正常的，如果你是上班族，你对此会深有同感。每一天，都会有各种事情被打上"重要、紧急"的包装送到你面前，这个是老板吩咐下来的，比较急，那个是项目重点工作，必须尽快完成。临时又有突发事件需要第一时间响应；你们刚刚开完会，领导又布置了一项任务。结果就是你的时间被无限分割，你疲于奔命，加班成了家常便饭。

一个人可能工作了很多年，依然在重复做着低水平的事情，他很有可能在第一象限或者第三象限花费了太多的时间。而真正的效能来自第二象限。

因此，你的第二象限到底有什么，要花时间想清楚。你要把你的主要精力都花在第二象限，这是你提升效能确保产出的通行证。

### 3. 终极理想

第三个办法，终极理想。为了找到对自己来说最重要的那件事，我们必须常常自问：

什么最重要？

我们要不断问自己，什么最重要。

我们需要时常回到这个问题，时常扪心自问、自我对话、自问自答。我们可以参考他人的地图，但最终，我们必须自己找出答案。

就像史蒂芬·柯维的发问那样：

在你目前的生活中，有哪些事情能够彻底使你的个人生活得到改变，但是你一直没有去做？

在你目前的生活中，有哪些事情能够彻底使你的工作得到改变，但是你一直没有去做？

就像加里·凯勒的发问那样：

你做了哪件最重要的事之后，其他事情变得更简单或者不必要了？

那件事是什么？

我们要想以终为始，还得知道自己想要什么，想成为一个什么样的人，想往什么方向走，可以尝试回答这三个问题：

1．我想成为什么样的人？（这里可以列出你的榜样，同时问自己：你为什么想成为像他那样的人？他们身上什么吸引了你？）

2．我想做什么？（在未来，我会做什么？我要从事什么职业？我要服务什么样的人？）

3．我想拥有什么？（我想要什么？我得到什么就满足了？）

这是对终极理想的探寻，需要花一定的时间，也许一两年，也许好几年甚至十多年，总之不会在短期内得到答案。我们不会立即得到答案，并不意味着就不用去思考了，我们可以抽时间定期回答这些问题。

我们可以把回答整理成一段文字，并不断地进行微调，把它作为我们的使命、价值观和基本处事原则，常常拿出来温习。

## 第四节　年度复盘——回到原点，清零再出发

### 年度之问："我"如何变得不同?

　　每当年底的时候，大家都会进行年度检视，并开始思考第二年的发展计划。网上有一个段子："我今年的目标就是搞定去年那些原定于前年要完成的事。"虽然这是段子，但一定程度上也说明了事实。

　　我们就是这样，每年给自己制订一大堆目标，每一次都信誓旦旦、信心满满，但是每到年底检视的时候，我们发现很多事情并没有如期推进，结果也没有如愿出现。

　　我们一年又一年地重复着这样的事，以至于一晃3年过去了，再一晃5年过去了，目标还是没有达到。

　　原因到底是什么呢?

　　是我们不够努力吗? 是我们不愿意付出吗?

　　好像都不是，在内心深处，我们是想让自己有所改变的，我们也做好了吃苦的准备。

　　但事实是，到最后，我们就是达不到既定的目标。

　　问题出在哪里?

人没有改变，事就不会改变。相同的人，相同的行为，必然产生相同的结果。人还是那个人，心还是那颗心，你怎么可能让事发生巨大的改变呢？这就像王阳明先生所说的，一颗桀纣之心，动辄要做尧舜的事业，何以做得？

"我"不变，期待"我"做的事情发生变化，基本上不太可能。

如果一个人的心胸、智慧、人格、能量、眼界没有改变，那么所谓的改变都是自我陶醉。你只是学到了很多新名词、新概念，这些新名词、新概念成了你的"口头禅"，也成了你的"所知障" [1]。

目前我们学的很多课程都是讲专业知识，只是帮你累积了信息量，增长学识，你的行为处事方式并没有因此改变，所以这都不叫成长。

因此，我们做年盘时最重要的一件事就是思考如何让"我"变得不同。

## 年盘重点：战略检视

每个人都是自己人生的 CEO，需要对自己人生的成果负责。CEO 最核心的职责就是制定战略、任免人员、主持业务——还有另外一种说法，就是找人、找钱、找方向。

做年盘的时候，你需要请出你的"战略家"主持大局。著名自媒体人"剽悍一只猫"有个冠军战略：他每次做事，不做则已，要做就

---

1 所知障：指执着于所证之法而障蔽其真如根本智。所知障又称无明惑、无始无明、智障等，为两种无明之一（一念无明和无始无明）或三障之一。

做第一。"剽悍一只猫"成功树立了行业榜样，让大家知道了他的爆发力，进而给自己带来更多的合作机会。

这就像傅盛所提到的，只有"第一"才能让人记住。现在人们已经不推崇韦尔奇时代的"数一数二原则"[1]，这个时代就是"数一原则"。我们变成"第一"后，就可以从"第一"的位置往下切。

这就是所谓的"冠军战略"。

傅盛有一个"All in（资源全投入）"战略，即一旦确认一个机会点，他就会把所有资源全部投入，想尽一切办法，努力到无能为力。

混沌大学的李善友教授提到一个词——舍九取一，就是十个好战略当中，舍掉九个，只重点选一个作为核心战略，且把这个做好。毕淑敏有一个心理游戏——我的五样，这个游戏可以说是舍四取一。

那么，这个"一"到底是什么呢？

就是，有时候你不一定需要很多战略，找到一个适合自己的，并把这个战略发挥到极致就很好了。

所以，在年盘的时候，你要梳理自己的战略，且对战略进行检视，并站在一个更高的维度检视自己一年的情况。


**问对问题，让年盘回归简单**

年盘，需要通过对过去、现在、未来三个维度全方位进行梳理，

---

1 数一数二原则：在全球竞争激烈的市场中，只有领先对手才能立于不败之地，任何事业部门存在的条件就是在市场上"数一数二"，否则就会被砍掉、整顿、关闭或出售。

找出人生定位，制订新的年度战略，并制订行动计划。这个过程，有时需要借助一些问题来思考。

1. 我在过往一年取得的关键成就有哪些？

梳理过去一年，你都完成了哪些关键事件？跟过去的自己相比，你在哪些方面有了或大或小的突破？

除了关键成就事件，你在过往这一年的整体状态怎么样？（笃定？焦虑？茫然？有心无力？谷底反弹？徘徊观望？……）

这一年有没有养成一些好的行为习惯？过去的一年采取了哪些重要的措施？

你有个人发展战略吗？你正在使用的个人发展战略是什么？（参考冠军战略、All in 战略、聚焦战略，等等，你也可以给自己的战略命名。）

2. 在过去这一年，我最深刻的领悟或最重要的经验是什么？如何用这个领悟或经验去指导未来的行动？

3. 如果回到去年的 1 月 1 日，我会怎么过这一年？（比如在有些事上你会怎么处理？）

4. 说说你的过去：你在哪里出生，在哪里长大，在哪里读书，在哪里工作，这么多年你的关键成长事件，这么多年你的成长心得和收获。这就像看一部以自己为主角的电影，回到过去梳理人生经历。

5. 此生，当一切都完成的时候，你希望自己在哪里？做什么？

我们要寻找自己的终极目标，展望当一切都完成的时候，你想要的一切都已经拥有时的样子。

现在有没有可能，以这个终极画面为目标，去过当下的生活？

这也是以终为始。

6. 假设今天是你生活在这个地球上的最后一天，你会留下什么遗言？抑或，你这辈子给这个世界留下了什么痕迹？

用遗愿思维审视工作和生活，我们就知道自己到底有没有走在正确的道路上，就像柯维老先生所说的："做事多而快代替不了做该做的事情！"

我们可以自问：我到底在忙什么？我这么忙，这辈子能留下点儿什么吗？

7. 你的优势是什么？请你花点儿时间认真梳理一下。

你可能做了很多事，启动了很多项目，但是这些事情并非在你的能力圈之内。

所以，与其什么都做，不如好好审视一下自己的优势，找到自己最擅长的事，然后用这件事撬动自己的人生。

8. 列出新的一年真正要做的 10 个大事件。

9. 在未来的一年，你要做的最重要的事是什么？

你或许有 10 件、100 件事要做，但是如果让你选出一件，你会选择哪件？

10. 你的用户是谁？他们的苦与痛是什么？你的核心产品是什么？他们为什么要购买你的产品或者服务？

你观察问题的角度应该从"我"转移到"他"或者"他们"，这样你才能获得崭新的视角。

你所做的事，不能仅仅是满足于自己的名与利，而是要满足更多人的需求，有形的以及无形的需求。只有如此，你才能有更大的价值，因为你的价值取决于你对更多人的价值。你需要考虑如何让自己"被需要"。

**07**

第七章

# 时间管理复盘：重要的不是时间，而是你

　　人生的每一天都是由时间所构成的，对于时间的管理，最重要的其实不是时间，而是你——你的每一天该如何度过，你的每一天该坚持些什么。你安顿好了今天，也就安顿好了一辈子。这就是每日的兵法。

# 第一节　过好了今天，就过好了一辈子

## 跟今天做朋友

很多人说要跟时间做朋友，但如何跟时间做朋友呢？

其实有个很好的方法，那就是跟"今天"做朋友。你要把时间拆分成无数个"今天"，把看似无边无际的时间变成可衡量的一个个"今天"。

一年 365 天，实际上就是 365 个"今天"。

这样说有什么意义？

一切的工作、学习、成长的具体动作都需要"今天"落实。

我们看未来做得如何，看今天的所作所为就可以了。我们要想养成习惯，就要把很多动作落实在"今天"。

我们要做到日拱一卒、日日不断，就会积少成多。

国内著名的咨询公司华与华的创始人华杉曾经提到："人生是由什么构成的呢？人生就是由每一天构成的。"

## 日日不断

曾国藩有一个非常重要的原则，那就是做事日日不断。

实际上，曾国藩并非天生聪慧之人，相反，前半生的他是相当愚笨的。但曾国藩就有一股不认输的精神，他的勤奋令人惊叹。他背四书五经，一遍背不下来，就背两遍，两遍不行，就背10遍，10遍还不行，就背100遍，100遍还不行，就背1000遍，直到背下来为止，这就是一种不达目的誓不罢休的精神。

他16岁才开始参加科考，考了7次才中秀才，还是倒数第二名。但曾国藩开窍后很快一鸣惊人，中秀才的第二年他就中了举人，中举人的第四年，他就高中了进士。而他那些早早考中秀才的同窗，没有一个考上举人。曾国藩在官场中10年连升7级，从一个小小的翰林做到礼部侍郎，成为二品大员，靠的就是日日不断的恒心，也就是曾国藩所说的"有恒"。

华杉将"日日不断"作为自己时间管理的原则。他每天早上5点起床，然后用头脑最清醒的时间写作，已经坚持了2000多天，从不间断。华杉能够做到每天早起写作、读书，多年坚持不懈，对此，他自己是这样说的：

> 这是听曾国藩的教导：晚上不出门、不应酬，早上早起，还有就是日日不断之功。曾国藩说，做学问一定要有日日不断之功，每天都做一点儿。不要说今天忙，明天补；也不要说今天有时间多做一点儿，明天歇一歇；也不要说今天出门不方便。你晚上总要住旅馆吧？功课可以在旅馆里完成。我就按曾国藩说的，无论出差到哪里，国内国外，每天写一篇，153天写完了《华

杉讲透〈孙子兵法〉》，25万字。之后我又写了《华杉讲透〈论语〉》，409天完成，49万字。日拱一卒，多大事都不难。你的工作任务再重、再忙，能有曾国藩担子更重、工作更忙吗？他能做到的，我也努力去做。

日日不断，持之以恒，这些其实就是一种长期主义的思维。

## "一日一生"

华杉曾经在一次分享中提到："每个人的人生都是由每一天构成的，怎么样安排好每一天，是很重要的兵法。"而这每一天的兵法，其实可以用"一日一生"来形容。

"一日一生"也是日本高僧酒井雄哉毕生的信念和修行理念。所谓"一日一生"，就是以"一日"为中心去安排自己的一生，珍惜每天的"缘"，感恩度过每一天。

酒井雄哉40岁才出家，是日本千年以来唯一经过两次"千日回峰"苦修而存活下来的大师。这两次苦修各耗时7年，他步行4万公里，每天行走30公里以上达1000日，其间还包含9天断食苦行等数项至艰至难的修行，因此他闻名日本，被尊为"活佛"。

所谓的"千日回峰"苦修，可以说是我们今天所说的"1000天行动"了。在这1000天当中，每天他都要做相同的事情。无论刮风下雨，还是寒冬酷暑，他规定自己每天得走30公里，前3年每年得走100天，相当于一年的1/3都在路上，第4年、第5年他要各走200天，也就是一年的2/3都在路上，之后需要经历9天的断食闭关期，这是生死考验。第6年他仍需走100天，第7年他需要下山到大街小巷行脚祈祷200天。总共加起来1000天。

而酒井雄哉竟然以高龄的状态两次完成了"1000天行动"，完成时，已经是62岁。

"一日一生"这四个字看似简单，却是酒井雄哉在"千日回峰"的苦修当中领悟的，是他百死千难换来的。

"一日一生"的活法具体怎么来落实呢?

其实这也很简单，正如酒井雄哉所言，就是每天坚持一件事，无论是什么，都追寻"一日一成果""一日一善行""一日一创意""一日一作品"。做同样的事，这就是自己的修行。

时间是不可管理的，与其管理时间，不如管理好自己。

我们只要天天去做一件自己喜欢的事就可以了。如果你喜欢打球，那么就安排时间去打球;如果你喜欢清晨去散步，那么就每天在上班前安排十几分钟、半个小时去散步。只要你在每天的生活中抓住"从我做起"，每天有目标，并为这个目标而努力就行。

人生就是每一个"今天"的累积，"今天"安顿好了，那么每一天就都安顿好了，一生就安顿好了。

时间管理，最重要的不是时间，而是你。

# 第二节　"一日一生"的活法

曾国藩在 31 岁那年给自己定下日课 12 条：主敬、静坐、早起、读书不二、读史、谨言、养气、保身、日知所亡、月无忘所能、作字、夜不出门。普通人坚持 1 天、1 周、1 个月，就已经很不容易了，他却坚持了半生！

我们也需要有自己的日课，以此安顿好自己的每一天，比如早起、早读、读书、交流、打扫、运动、磨炼、复盘、留白，笔者称之为"每天九件事"。

史蒂芬·柯维在《高效能人士的七个习惯》中提出了一个重要概念——每日磨刀。也就是每天我们都要从身体、精神、智力、情感四个方面去审视自己，如此方能拥有个人产能，从而获得每日个人成功。

我们也可以从前面提到的九件事开始，获得属于自己的每日成功。

## 第一件事：早起

曾国藩说："凡道理不可说得太高，太高则近于矫，近于伪。吾与僚友相勉，但求其不晏起、不撒谎二事，虽最浅近，而已大有益于身心矣。"他对下属的基本要求只有两条：一不睡懒觉，二不撒谎。要求别人，首先自己要做到，所以他从来都是"黎明即起，绝不恋床"。

冯唐在品读《曾国藩嘉言钞》时提到，养成早起的习惯，比到外国游学更切实。一日之计在于晨，很多时候，利用好早晨，很多问题就会迎刃而解，人生的钥匙或许就藏在早晨当中。

华杉每天早起写作，已经坚持了 2000 多天，他的畅销书包括《华杉讲透〈孙子兵法〉》《华杉讲透〈论语〉》《华杉讲透〈孟子〉》《华杉讲透〈传习录〉》《华杉讲透〈大学〉〈中庸〉》，等等。早晨成了他一天当中最有生产力、最有价值的时间段。

中国航天科工集团原董事长高红卫在一次演讲中提到，近 40 年来，他每天早上 4 ～ 5 点间起床，用 2 ～ 3 个小时的"纯净"时间学习知识、研究课题、写作，保持对外做功的工作状态。

这样的人还有很多。

当早起变成一种自动运行的习惯，早起就不再成为问题。如何变成习惯？这也很简单，就是持续重复这个行为，每天都重复，不要想着什么 21 天、100 天，最少坚持 1 年。

早起其实有一个前提，就是早睡。华杉每天坚持 21:30 就睡觉，早睡，为早起上了一道保险丝。

另外，早起的目的是什么？这个问题必须解决，而且最好有持久的目标。

早起读书、写作或学习，久而久之，每日所得慢慢积累为明显的成果，成就感会让你心生喜悦，更会激励你坚持早起，从而形成良性循环。

俗话说"一日之计在于晨"，早晨时，人的状态决定了一天的状态。作家韦恩·戴尔经常凌晨三点半起床，他的很多作品就是在这个时间段写的。我们或许可以认为，凌晨3点到早晨6点是属于这个世界的"梦想时间"。

## 第二件事：早读

笔者曾经带领一些伙伴早读《道德经》，在这个过程中我们发现，早读是一件不错的事情，这才是打开一天最正确的方式。

每天清晨，我们读半个小时书，会让自己精神饱满。如果我们刚开始起床时会有点儿疲倦，稍微读一会儿书，整个人就会慢慢苏醒，开始享受早读。

笔者一般每天5点左右起床，起来简单洗漱之后就开始早读，读着读着，就会感觉自己思维变得活跃了，状态也慢慢好了起来。这样读完书以后，笔者再去做其他事情，就会感觉能量满满、灵感不断。

读书最好是出声读，不仅用眼睛看，也要用嘴巴读，甚至用心去读，确保眼到、口到、耳到、心到。读书不仅仅是大脑的理解，更多的是身体上的觉知，让身体记住所读的内容，内化为身体的记忆。

很多人估计会有疑问：早读，具体读什么呢？

我们可以读经典的《论语》《孟子》《道德经》，也可以读唐诗、宋词、元曲。你还可以选择任意一本你觉得不错的书籍，比如泰戈尔[1]的诗集、朱自清的散文集、稻盛和夫的《活法》、查理·芒格的《穷查理宝典》。如果你在学外语，每天读半个小时的外语也不错。

早睡、早起、早读是一个非常完美的黄金组合，希望你也能享受这个组合带来的好处。


## 第三件事：读书

黄庭坚说："一日不读书，尘生其中；两日不读书，言语乏味；三日不读书，面目可憎。"因此，每天不管多忙，找时间读读书应是每日基本的生活习惯。北大原校长王恩哥上任的时候，对学生说了10句话，引起了热议，其中就有这样的内容："日行万步路，夜读十页书。"

"一条"掌门人徐沪生说："不读几百本经典，怎么谈独立思考？"

然而经典图书的语言、行文常常晦涩难懂，我们往往不知所云，读起来很费劲，很难有成就感。有时甚至需要读上很多遍，我们才会有一点儿心得体会。现代人普遍赶时间，宁愿学几个致富秘技，也不愿意花心思研习经典。但是经典图书中往往蕴藏着大智慧，读经典就像是在练内功，如果只练招式，没有内功辅助，就只能是花拳绣腿。

曾国藩说，读书能改变人的性情，甚至能改变人的骨相。

我们不妨先从一本书开始改变自己。

---

1　泰戈尔，全名拉宾德拉纳特·泰戈尔，印度诗人、文学家、社会活动家、哲学家和印度民族主义者。

## 第四件事：交流

有一句话说，你能走多远，取决于你与谁同行。我们要谨慎选择那些与我们同行的人，这些人最好是高手，可以当我们的导师。

《出奇制胜》这本书指出，历史上许多引人注目的成就，奥秘就在于导师的教诲。苏格拉底辅导年轻的柏拉图，柏拉图又辅导亚里士多德，亚里士多德辅导了一个名叫亚历山大的男孩，而这个男孩就是亚历山大大帝。

最好的导师总是可遇而不可求的。

如果你在现实世界里没有找到合适的导师，那么古今中外的任何一位高手都可以成为你的导师。

孔子、孟子、老庄可以是我们的导师，甘地、林肯可以是我们的导师，彼得·德鲁克、史蒂芬·柯维、松下幸之助、稻盛和夫也可以是我们的导师。

在每个领域里，总有一些出类拔萃的人，我们可以把他们作为自己的导师。你不一定见到他们，但是你可以通过各种途径向他们学习。

美国的成功学大师拿破仑·希尔生前经常做一件事，他称之为"圆桌会议"，相信大家都很熟悉这个故事了。

每天晚上，拿破仑·希尔都会抽出一段时间，闭上眼睛，想象着一群伟人和他坐在一起交流，这些都是他最崇拜的人，他称这是他与伟人们定期举行的"圆桌会议"。这些人一共有9位，分别是托马斯·阿尔瓦·爱迪生、查尔斯·罗伯特·达尔文、亚伯拉罕·林肯、

157

拿破仑·波拿巴、波明克、亨利·福特、拉尔夫·沃尔多·爱默生、托马斯·潘恩、戴尔·卡耐基。

希尔深入研究过这几位伟人一生的事迹，所以他想象中的"圆桌会议"相当生动。就像希尔自己所说，正是这些会议诱导他走上光辉灿烂的道路，使他领略了真正的伟大！

交流有两种，一种是见面社交，一种就是上面提到的"神交"，两种方法皆可。每天，我们总要想办法与别人进行交流，睁开眼睛看世界，借助更多人的智慧帮助自己。希尔说："两个人的智慧加起来，一定会产生第三种看不见的无形力量，我们可以把这种力量称为第三个人的智慧。"

## 第五件事：打扫

从2016年开始，华与华咨询公司，每周一早上8:30都会进行大扫除，全体员工齐上阵，董事长、总经理、合伙人等都要参与。

或许很多人会有疑问：为什么一家公司每周都要进行全员大扫除？为什么全员要把时间花在打扫办公室卫生这件看似微不足道的事情上？一个月发几千块、几万块工资，公司就是让员工把时间浪费在这件事情上吗？为什么公司不请阿姨来做这件事？这么做有必要吗？

华与华奉行的原则是：凡事彻底。华杉认为，大的成就无一不是从细小的行为扩充、放大、发展而来的，所以无论做什么事，都要做到彻底。凡事彻底的方法就是要把平凡的小事做到彻底、做到极致。

华与华通过集体大扫除、集体改造办公室等活动，排除浪费、降低成本，同时培养大家"凡事彻底"的意识。

打扫卫生这件事看起来简单，实际并不简单。正所谓，人生最难事，弯腰甘当扫地僧。

打扫实际上也是在扫除心上的灰尘，把心打扫干净，能量和智慧才能显露出来。


## 第六件事：运动

一天当中你要适当地出去走一走，散散心，让自己跟大自然接触一下，因为草木的能量会将自己身上的纠结、焦虑、不安冲掉一部分。这样当你再回去以后，就会以更好的状态去工作。

如果你能做一点儿运动就更好了。运动本身是可以改造大脑的，心理可以影响生理，生理反过来也会影响心理。

《运动改造大脑》这本书指出，多巴胺和去甲肾上腺素是调节注意力系统的主角，运动能够增加这些神经递质，而且立竿见影；有规律的运动会刺激大脑某些区域产生新的受体，从而提高多巴胺和去甲肾上腺素的基础水平。

这本书还建议我们每天早上要进行 30 分钟的有氧运动，虽然时间并不长，但是运动有助于你集中注意力并能让你充分利用一天的时间。

即使你不做运动，只是下楼转转，就这样一个小小的举动，都可以让你舒心醒脑，让身心得到一定的调节。

村上春树几十年如一日地坚持跑步，不是因为他自律，而是因为他已经沉浸在跑步当中，跑步已经变成他生命的一部分，跑步已经变成他的心灵需要。

冯唐说:"四十岁以后,自然规律让我们的激素水平下降,但是大量运动可以让我们体面地抵抗这一规律……能让我们快乐且合法合规的事越来越少,大量运动是剩下不多的一个,运动之后,给你合法合规的多巴胺。如果肉身已经不能承受大量运动,说走就走,去散步,去旅行,也好。"

这个世界是每个人的,保持适当的运动可以让我们更好地享受生活。

## 第七件事:磨炼

很多人工作是为了赚钱,便在工作和钱之间画等号。他们没有工作热情,只把工作当成一种苦差事,认为所谓的幸福生活就是吃喝玩乐,少干活、少流汗、少受苦。

其实,这是一种错误的价值观。工作不仅是为了赚钱,更是修行的载体,是自我提升的不二法门。我们可以通过工作磨炼自己的意志,提升自己的能力。

稻盛和夫在《活法》中提到:提升心性、磨炼灵魂。稻盛和夫认为,日常生活就是最好的修炼场。我们一般人的思维模式是,赶快干活,干完可以好好回家休息,休息才是目标,休息才是目的。但是稻盛和夫认为不是这样的,休息是为了工作,工作才是主旋律。

这个价值观跟我们大多数人的认知是相反的。

为什么很多人在工作中很难有所提升,任岁月蹉跎?或许因为他们没有努力,得过且过,总想着工作有什么用,反正都是为老板干的,自己何必那么辛苦。

你要想自己的工作有转机，想人生能够破局，唯一的办法就是努力。稻盛和夫说："宇宙中有一个智慧宝库，人正是有机会接触到这个宝库才做出了意想不到的事情。"稻盛和夫本人也是因全身心沉浸于研究，才找到这个智慧宝库。

那我们怎样才能打开这个智慧宝库呢？

稻盛和夫说："除了倾注燃烧般的热情、持续付出真挚的努力，别无他法。"

稻盛和夫在简陋的条件下发明了世界一流的产品，是因为他达到了痴狂的地步，没日没夜，废寝忘食，抱着无论如何都要成功的强烈愿望，这才找到了智慧宝库。

在这种情况下，我们该如何过每一天呢？

稻盛和夫说："每一天都要极度认真。这是人生最重要的原则。在每天的工作和生活中，每个时刻我们都要全力以赴、拼命奋斗。"

如果我们的努力不比任何人少，那么我们就能触摸到智慧的宝库，就会给自己的人生打开一道门。


## 第八件事：复盘

世事洞明皆学问，生活是最好的老师，每一天的生活中都隐藏着很多的学问和智慧，等待着我们去采撷。因此，我们需要学会从生活中获取人生的智慧，除了拆书，我们还要学会拆生活。

拆生活的能力有时甚至比拆书的能力更重要。

向生活学习的方法就是复盘。冯唐说，把经历过的日子再过一遍，沉淀下来的就是比金子还难得的见识。

诚哉斯言。

## 第九件事：留白

生活应该是双面的，有张有弛，有快有慢，一边挥汗如雨，一边静待花开；一边热火朝天，一边无所事事；一边快马加鞭，一边闲庭信步；一边多快好省，一边随心所欲；一边追求，一边放下追求。

一天当中，你可以留一点儿时间给自己，什么也不做，发发呆，任时间自由流淌，用缓慢的节奏、正念去滋养自己的内心。如果头脑中的弦一直绷着，反而不利于创造力的释放。

你可以泡一壶工夫茶，一个人慢慢喝，看庭前花开花落。你也可以走到楼下，体会微风吹拂在脸上的感觉。

少应酬、少举事，收摄心神。我们忙了一天了，如果白天的时间都是花在工作上，那么晚上不妨多抽出一点儿时间陪陪家人。

季琦认为东方的中庸智慧特别好，所有的事情实际上都是平衡的艺术。

# 08

## 第八章
## 学习复盘——不能成为知识生产者，
## 你就只能低水平地勤奋着

复习不等于复盘，不要沉醉于获取知识而忘记了快速消化知识。复盘跟"我"有关，跟行动有关。我们需要从书本里走到现实，完成从知识消费者到知识生产者的转换。在这里，我们要重新规划学习。

## 第一节　从书本到现实：如何构建学习转化通道

我们有非常多的机会接触各种各样的学习资源，但是培训之后、读书之后、学习之后，如何进一步应用知识？

人们会大谈特谈新名词、新概念，但他们不一定真的知道其中的内涵，大多数人只是人云亦云罢了。

培训里面有一个"721法则"，这个法则指出，一个人的学习方式，10%依靠课堂讲授，20%依靠向别人学，70%依靠向事学，也就是在挑战性任务中学习。传统教育培训大都集中在课堂，对于后面的学习方式90%的人关注度不够。其实，不管是正式学习也好，还是非正式学习也好，都是一种输入，只有通过行动、反思、反馈、评估等手段，才能将输入慢慢转化成输出。

经验 + 反思 = 知识。

没有反思，一切的输入、单纯的经历和体验，价值不大，因为还没有转化。

因此，复盘就是推动学习转化的一个重要推手。

阅读一本书、一次培训，或者一次分享、一次体验，我们就开始了学习转化的漫长旅程，我们要到达的目的地就是行为改变、能力养成以及绩效提升，这是一个从输入到输出、认识世界、改造世界的过程（见图 8-1）。

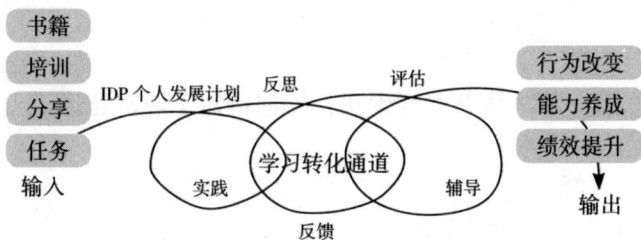

图 8-1　学习转化通道

在这个旅程当中，我们可能需要制订个人发展计划，可能需要彻底实践，可能需要反思并获取反馈，可能需要对实际表现进行评估并接受进一步的辅导，然后慢慢让自己迭代与升级。

在《管理技能开发》（原书第 8 版）中，作者提供了一条技能开发的途径，这条途径一共由五个步骤组成，称为"五步学习模型"。

第一步，技能评估，也就是评估现有的技能和知识水平。这一步的意义在于要了解自己当前的技能水平，认清自己的优势和劣势，知道自己的不足之处以及需要提升的地方。

第二步，技能学习。老师正式教授学员一些跟技能与行为相关的原则、原理，学员掌握与技能相关的概念、原则和方法论。

第三步，技能分析。老师拆解一些成功或不成功的案例，寻找其决定成败的关键因素与关键问题——这一步有点儿像案例教学。

第四步，技能练习。在一个相对安全的环境中，教师以模拟训练、角色扮演等方式对学员进行技能训练，并获得各种反馈。

第五步，技能应用，也就是学员离开课堂，到真实的工作场景中去实战演练，将课堂所学应用到现实当中。

　　从以上几个步骤我们大体可以知道，学习转化通道这个"黑匣子"里面到底有哪些秘密、包含哪些关键点，从而可以帮助我们更好地输入与输出。

　　前面我们也提到学习的三个环节，信息的传递或接收、信息的内化、信息的再生产。

　　如果我们只做到了信息的接收，但是没有做到信息的内化和再生产，就没有自己的东西，我们就成了知识的搬运工，就像一个仓库，只是装东西，却从来不往外生产东西。

　　我们要完成从知识消费者到知识生产者的转换，走完学习转化的通道。

## 第二节 学习复盘的框架：三个一、看学做

### 复习 ≠ 复盘

我们看到，很多人在学习之后，习惯于对所学的内容进行一次梳理，比如输出学习笔记、思维导图、视觉笔记，等等，并将这个动作称之为复盘。严格来讲，这不是复盘，这最多是一种复习。复习并不是复盘。

同时，复盘一定要有所行动，没有行动，没有行为改变，都不能算复盘。

这里提供两个学习复盘的框架，供大家参考。

### 第一个框架：三个一

我印象最深刻的点是什么？

我现在就准备付诸实施的行动计划是什么？

我通过这个计划要得到的结果是什么？

我们具体怎么来应用呢？这里举一个案例来说明。

罗振宇说他曾经在鲍鹏山的朋友圈看到一句话。

鲍鹏山说："读孔子，问题不是孔子是怎么说的，而是在我们面对一切当前的公共事务时，我们要有能力判断孔子如果活在今天，在这个处境下，他会站在哪儿，然后我们走过去，和他站在一起。"

罗振宇回复："如果我们有能力这样读孔子，孔子才进入了我们体内，成为我们自己人格组合的一部分。"

罗振宇又说："活出自我就是要创造出自己体内的、属于不同时代的人格组合。"

这段话笔者印象很深刻，笔者的理解就是"以更高层面之心为心"。

你将自己想象成更高层面的人，去体会并想象他们如何为人处世，去想象他们的一言一行，想象他们会如何思考问题，如何应对挑战。

古今中外，这样读书的人并不算少。

我们要从知识消费者变成知识生产者，把学到的东西变成自己切切实实的行动，实实在在地提升自己的能力。

这是第一个框架，其实，我们也可以用第二个框架。

## 第二个框架：看、学、做

我看到了什么？什么趋势、什么现象、什么模式、什么事件、什么问题、什么人？

　　我学到了什么？什么知识、什么方法、什么行动指南、什么解决方案？

　　我做了什么？我还要做什么？

　　这些问题一步一步把你引向行动、引向实践，你最终一定会收获成果。

　　这就是学习复盘。

# 第三节　重新定义学习

我们对一件事怎么理解，往往就会怎么行动，一个人的实践水平通常会受限于他的认知水平。

对于学习也是如此，除非我们对"学习"这两个字有全新的理解，否则很难在现有的基础上提升学习效率。所以，在学习复盘时，我们必须对"学习"这个概念有新的认知。

那么，还有哪些关于学习的新认知呢？这里提出几条建议，供大家参考。

## 好的学习是：在工作中学习

**相比应试教育、脱产培训，在工作中解决问题，在"做中学""事上练"是最有效的学习方式。**

知识付费的时代，很多人会聚焦在信息的获取上，不断上课、听音频、看专栏、混社群打卡，却很少实践。你看，每个生意人，他想的永远是他的事，他要卖什么、卖给谁、怎么卖、怎么推进……他永远想的是做事。那么，为了让这件事落实，他会想到哪里去学、拷贝

171

谁、怎么创新、跟谁合伙、怎么一步步往前推，这个过程本身就是最好的学习。

提升学习能力，70% 靠向事学，也就是在挑战性任务中学习。这里的挑战性任务，实际上就相当于你在工作中遇到的难题。

在工作中学习，同时也意味着学习不是一件额外的事——学习不是一件你在工作之外要去做的事情。

待办清单中每件事的处理过程就是学习过程。

这个过程中我们会思考很多，比如：怎么把这些事做好？怎么选择最重要的事？怎么攻克其中的难题？怎么舍弃其中不重要的事？怎么通过这些事提升自己的能力……这个过程本身就是学习。

工作本身就是学习，稻盛和夫说："工作是万病良药。"

工作本身就是一本书，我们每天通过复盘，通过读这本书，学到的东西绝不会少。而且，我们向书本学、向人学，也应该围绕自己的主业，从输出的角度输入，这样才能真正有效果。


## 好的学习是：做一个东西出来

笔者在带训练营期间，经常要求大家"做一个东西出来"。比如设计一个产品，然后分享给别人，服务更多的用户，这样才是真正的学习。

在笔者的社群中，有人办了读书会，有人开设了瑜伽、绘画、冥想、瘦身等课程，有人推出了复盘训练营，有人开设了收费的知识星球，有人在知乎上获得过万的关注，这些都是所谓的"做一个东西出来"。

你说你很厉害，但是别人怎么知道呢？除非你做一个东西出来，让别人看得见你的东西。

我们打个比方，一个团队要判断张三好还是李四好其实不太容易，因为很多时候我们的判断会很主观。但是有了产品以后，人们就可以凭借他们的产品去判断，这个产品特别吸引人，或那个产品特别有创意，等等。

因此，我们应该时时自问：到底这个阶段要得到什么样的成果？这个成果如何实现、如何落实？我们需要做哪些事？我们需要怎么推进？……

以终为始的一个重要内涵就是最终要有可视化、差异化的交付物。在职场中，我们一定要重视工作的交付物，而且这个交付物要可以感知。

## 好的学习是：社交

学习需要人际关系，学习不是闭门造车。学习始于模仿、反馈，学习需要以教为学，这些都跟人际互动有关，都需要跟他人产生联系。

学习需要同伴。

著名的量子物理学家海森堡认为："科学植根于交谈。"

如切如磋，如琢如磨，都需要有一个人跟你一起交流。一个人在家里学习的热情，远远低于找一个伙伴相互切磋，后者的效率也远远大于前者。现在流行的社群学习，如果没有朋友、没有战友、没有伙伴，那还能称为社群学习吗？

成功为什么是扎堆的? 因为高手在一起,他们会相互影响。

学习始于模仿。

一个人会下意识地模仿他所崇拜的人,模仿是学习的第一步。

如果你能找到模仿对象,你的学习兴趣会提升很多。如果你想锻炼某种技能,就找到精通这个技能的人,然后观察他们的行为。

学习需要反馈。

很多人的自我评价与客观评价之间存在着巨大的差距,所以达利欧才说:"真相就是精准地理解现实,这是达成结果的重要根基。"

我们需要做的就是愿意暴露自己的不足,比如在请教专家时自我表露,而不是文过饰非。

在一个相对安全的环境中得到有效反馈,对学习者来说,这是一种幸运。

学习需要圈子。

经济学家周其仁有句话,很好地说明了圈子的意义。他说:"很多时候重要的不是知识,而是切身感受到的力量。靠近厉害的人,你就会慢慢变得厉害,没想法也会变得有想法,小想法会变成大想法。"

因此,你要进入一个新的圈子,靠近那些高手,才会进步更快。


## 好的学习是: 复盘

我们前面提到,没有复盘就没有学习。

复盘是最重要的一种学习手段,正如行动学习之父雷格·瑞文斯所说,对经验的反思是最好的学习。

瑞文斯认为,亚里士多德留给我们的遗产,其实也是一条兼顾行动与反思的伦理学系统。亚里士多德提醒我们："生命是由行动和反思组成的。"

所以笔者据此提出了一个公式：成果＝一半行动＋一半复盘。

我们要想在工作中出成果，就必须不断地进行实践，这个实践一定是由持续的行动以及不断复盘、不断反思构成的。

## 好的学习是：教

教是最好的学。我们要想真正掌握一个知识点，读、写、整理、背诵，都不如你教别人一遍学得好。

我们应该从"学"的状态调整为"教"的状态。

大部分人教的方式局限于一般意义上的分享。

笔者认识的很多人在带徒弟，他们把这当成提升自己能力的一种方式，因为有了徒弟，有一帮人围着你，使命感和责任感会激发你的潜能。同时教与学相辅相成，你也能从徒弟那里学到很多东西。

我们对学习的认知，一定程度上决定了我们的学习效率。除了学习怎么处理信息，我们也要往回看，看到学习者本身，看到自己，看到自己扮演什么角色，自我反思，看到自己身处什么样的圈子，看到自己有没有真正学以致用。

## 09

第九章
**情绪复盘——人人焦虑的时代，
如何"健康地痛苦着"？**

如果我们不能从痛苦中学到什么，那么也很难从
其他东西里学到什么。我们不是要执着于忘掉痛苦，
而是要善用痛苦。在人人焦虑的时代，如何反思痛苦，
如何复盘情绪，显得越发重要。

# 第一节　情绪是复盘中的一条主线

很多人在复盘的时候不知道如何下手，他们认为一天下来没有什么好复盘的，每天都差不多。其实，你完全可以从情绪入手。

不管你从事什么工作，不管你在哪里，不管你的身份、地位、背景如何，你总会产生情绪。

情绪是人类的特质。

很多人会说自己没有情绪，一天到晚挺平静的，其实，这也是一种误解，并非"火冒三丈"才叫情绪。大多数时候，人的情绪是隐而未发的。相比于发泄出来的情绪，大部分情绪没有发泄出来。

这种隐藏的情绪时时刻刻都有，就像电脑的进程一样，随时都在后台运行着，只是我们察觉不到罢了。

人的很多判断和思考，会夹杂着情绪，就像雾满拦江的那句话："去除自我认知中的情绪宣泄，收敛心智，就能够让心中的智慧浮现。"

一天过完之后，你回想这一天，当天令你气愤或者不舒服的地方在哪里，你有没有不想见某个人或者不想做某件事，跟什么人相处的时候不愉快，什么时候心绪不宁，什么时候烦躁不安，这些都是情绪反应。

人会想办法驱逐情绪，讨厌情绪，把情绪视为敌人，但是更明智的做法是与情绪做朋友，有诗道：

> 人就像一座客栈，
> 每个早晨都有新的客旅光临。
> "欢愉""沮丧""卑鄙"
> 这些不速之客，
> 随时都有可能会登门。
> 欢迎并且礼遇他们！
> 即使他们是一群惹人厌的家伙，
> 即使他们
> 横扫过你的客栈，
> 搬光你的家具，
> 仍然，仍然要善待他们。
> 因为他们每一个
> 都有可能为你除旧布新，
> 带进新的欢乐。
> 不管来者是"恶毒""羞惭"还是"怨怼"，
> 你都当站在门口，笑脸相迎，
> 邀他们入内。
> 对任何来客都要心存感念，
> 因为他们每一个，
> 都是另一世界
> 派来指引你的向导。

——鲁米《客栈》

　　很多情绪带来的困扰就来自我们的错误定义，鲁米的这首小诗是对情绪管理的最好注脚。

　　情绪是复盘中的一条主线，看似平静的生活之中其实"暗流涌动"，如果长期忽视那些"暗流"，当深陷焦虑、煎熬等情绪之中时，我们就无法找到原因，也很难正确应对。我们只有积极面对，才能让情绪为我所用。

## 第二节　痛苦 + 反思 = 进步

　　每一次痛苦都会带来启发，它会帮助我们深入内在，从中有所领悟。

　　人要迭代和进化，痛苦就是一个非常好的工具，如果我们善加利用，就会有很多意想不到的收获。

　　达利欧告诉我们：痛苦 + 反思 = 进步。

　　为了确保真正从痛苦中学到东西，达利欧所在的桥水公司还开发了一个"痛苦按钮"应用程序。当某个人正在经历痛苦的时候，他可以打开这个应用程序，把自己的痛苦记录下来——记录自己感受到痛苦的频率、原因，以及相应的解决方案、效果。

　　不过，这个时候还不是反思的最佳时机，因为痛苦会让人很难保持理性。只有等痛苦过去，我们才有可能回过头来好好反思。

　　等痛苦过去之后，我们需要找一个时间，根据自己的记录，好好回顾之前发生了什么。回顾的过程中，我们可以自问自答，通过自我对话探寻事情的来龙去脉，我们甚至可以连续问自己几个"为什么"，直到有更深层的答案浮出水面为止。

　　最后，我们需要想办法找出今后避免类似情绪出现的方法。

　　下面笔者举一个处理情绪的案例。

李欣频曾经复盘过自己的很多次生病经历以及意外事件，其中有一件是"武汉烧伤事件"，时间是 2017 年 3 月。

当时，李欣频即将在武汉开课，当他们入住酒店以后，她便与课件老师一起准备讲课内容。这个时候酒店中庭在做音响测试，声音非常大，影响了她与课件老师的沟通，于是她便给前台人员打电话，希望他们声音能小一点儿。过了 10 分钟声音还是很大，于是她又打了一次，并忍不住大吼了一通，吼完之后，匆匆交代完课件便走了。课件老师在离开的时候提醒她别生气，要不然就会"自燃"。

没想到课件老师的话一语成谶，第二天早上李欣频在使用打火机的时候，刚一点燃，就爆出大火花，瞬间烧焦了部分头发、睫毛和眉毛，鼻子、耳朵也被烧掉一小层皮，脸也被烧肿。

于是李欣频一边拿冰块敷烧伤部位，一边叫车赶紧赶往医院，一路上不断数落经纪人怎么买了一个爆炸型打火机，到了医院以后也是一阵乱忙以及各种抱怨。

这个时候，她突然意识到自己当下的情绪存在很大问题，于是开始反思。

首先，她问自己：我现在在哪里？为什么在这里？是要我看到什么？学到什么？

她发现自己此时正在医院里，而且看到很多烧烫伤严重的患者，有小孩、青少年、中年人、老人……每个人的伤势都比自己严重。她仿佛进入了一个人类受苦难的圣殿，走进了一幅人类的战役图，是说不出来的既超现实又极度写实的残酷场景。她不断问自己：我本来在酒店准备课件，现在为什么在这里？

后来，她看到了一个小孩和一个老人，小孩由七八个家人陪护，有帮忙敷药的，有跟医生讨论病情的……而老人虽然行动不便、挂着拐杖，皮肤大面积烧伤，却没有任何人照顾，一个人努力求诊、自救……她看到爱的不平等，看到人情冷暖，于是计划自己未来要做一些关怀孤独老人的事情，这是她在这里学到的。

其次，她问自己：这件事的起点在哪里？

反思是很重要的一步，就是把对外指责的手缩回来，因为外在世界与环境的投影源在自己身上。如果起点是自己，事情是从哪里开始的？

于是她马上想起自己生气地给前台人员打电话，想起了课件老师说的"自燃"。虽然对于课件老师的乌鸦嘴很气愤，但她提醒自己"如果你中了木马程序，所有的爱都会变成恐惧，如果你用杀毒软件杀掉了木马程序，所有的恐惧就会还原为爱"，于是她开始将愤怒与恐惧转化为爱。

再次，她问自己：此时此刻，我要感谢什么？

她感谢自己还活着，感谢没烧到眼睛，感谢自己伤势不算严重，感谢有人陪着并全程照顾自己，感谢医生、护士像天使一样耐心地照顾她这个病患。她要感谢他们愿意在第一线做这么艰苦的工作……慢慢地，大概过了 5 分钟，李欣频平静下来。

最后，她提醒自己，并祝福所有的病人：希望一切痛苦到此为止，我们一起变好。

拿到药准备离开医院时，她特意再次看了看周围还在受苦的人，心里默祷：让我们都学到该学会的，一切到此为止，我们大家一起变好！

等她上完课回到台北以后，她仍去皮肤科看病，并不断保持"一切到此为止，我们一起变好"的想法，从事发到完全康复，只用了 7 天，在武汉时，医生告诉她需要一个多月才能彻底康复。

事后，李欣频再次反思：当我们遇到突发事件，要先思考这次的痛苦是否带来了什么重要信息，如果是，我们就要开始反思并有所领悟。这就是李欣频在这次事件当中学到的东西。

因此，一旦我们遭遇了情绪事件，产生了痛苦的感受，我们也可以像李欣频那样问自己几个问题：

1. 它想告诉我什么？它想让我看到什么？它想让我学到什么？

2. 如果痛苦是由我引起的，那么源头在哪里？

3. 我要感谢什么？

当你反思得多了，你就会慢慢地从情绪事件中、从痛苦中学到不同的东西。

## 第三节　把情绪当作朋友，你需要这些锦囊

### 1. 情绪没有好坏之分

就像罗伯特·沙因费尔德所指出的那样，情绪没有好坏之分，情绪就是情绪而已。如果你不给它贴上标签，你就能从情绪中解脱。

因此，当情绪出现的时候，我们要不断提醒自己，情绪是一种能量，它没有好坏之分，只要我们能够全然接纳，我们就能体验到真幸福。

世上不存在所谓的正面情绪，也不存在所谓的负面情绪。情绪无所谓好或坏、舒服或痛苦、有益或有害；情绪就是情绪，如此而已。

我们应该把情绪当作朋友。

### 2. 不要有感性的烦恼

这是稻盛和夫"六项精进"中的一条，意思是指过去的失败，在反省之后我们就坚决把它忘掉，将精力投入新的工作。他年轻时有过各种各样的烦恼，因此觉得这一条很重要。

### 3. 按下暂停键

我们意识到有情绪的时候，尽量不要和别人起冲突，适时按下暂停键，也是一种智慧。如果你只能记住一个情绪管理的方法，请记住这一条：停。

你可以尝试用以下这些方法来喊停：

· 在心中默念"停"，不断重复这个字；

· 借故离开，去洗手间或者找个地方透透气；

· 让对方把话说完，但你要克制住自己的冲动，另约时间沟通；

· 停止讨论敏感话题，和对方开启另一个较为轻松的话题；

· 想办法让对方高兴起来，因为一个人不可能既高兴又不高兴。

### 4. 先处理情绪，再处理问题

你带着情绪，什么也做不好，大脑也会被情绪所控制，导致你无法真正思考。因此，当情绪出现的时候，请你先处理好情绪，再想办法处理问题，不要急在一时。

### 5. 永远关注真正目的

我们通常会把焦点放在跟我们对话的人身上，如果我们给这个人贴上负面的标签，比如"这是一个忘恩负义的人""伪君子""自私自利的人"等，我们所有的注意力就会被这些标签所吸引。与此同时，我们就忽视了一个极为重要的问题：我真正的目的是什么？

记住，我们关注的永远是真正的目的，别在其他地方浪费时间。

### 6. 首先调整状态

当你深陷问题中时，由于情绪的作用，你的思绪会随着情绪飘来飘去，念头一个接一个，你的身体在一个地方，你的思绪却在另外的地方。你的身体一直待在当下，而你的思绪不是在过去，就是在未来。

这时候，你需要及时调整自己的状态，将状态从发散状态调整到"正念"状态。你将思绪拉回来后，就控制住了情绪。

### 7. 调整了认知，就调整了情绪

当面对某种情景时，我们就会对这个情景有所认知，认知产生了情绪，情绪又引发了行动。

反过来，情绪的背后一定有某个特定的认知，一旦找到这个认知，情绪便很容易调整过来。所以，在情绪出现的时候，我们要寻找情绪背后的认知。

### 8. 要么理性，要么感性

人的大脑中有两个区域，一个区域控制理性，一个区域控制感性。理性思考的时候就会压抑感性，感性情绪激烈的时候，理性往往起不了作用。

理性和感性无法同时工作。

### 9. 学会感恩

每天花点儿时间想想应该感谢的人，这应该成为习惯。生命中有许多人要感谢：朋友、家人、老师、同事、以前的熟人、对你伸出援手的人，等等。这些人都是我们感恩的对象。常怀感恩的心，有益于控制不良情绪。

### 10. 每一天，每个人，每件事都在教导你

你想象一下在这个世界上，除了你，每个人都开悟了，你所遇见的人都能来教导你某些事。

你真正需要做的只是将原来的念头"他为什么要这么做"改成新的想法"他究竟想教我什么"即可。

### 11.　人与人的差别大于人与猪的差别

这是史铁生说的一句话。人与人的差异是如此之大，你又何必去计较呢？差异才是这个世界的真相，你要学会拥抱差异。

### 12.　不争对错与输赢

直言不讳固然值得提倡，但更多的时候，对和快乐之间，我们通常只能选一个。我们要不断问自己"我到底要选哪个"，我们要是对了，就意味着别人是错的。如果换作你，你会承认自己错了吗？事实上，大多数人讨厌被人纠正，我们都希望得到别人的认同。我们要想不被情绪左右，最好的方法就是不要纠结对错与输赢。

### 13.　用身体去感受情绪

每一种情绪都对应一个身体反应，每一种情绪体验不仅是一种心理体验，还是一种生理体验。我们关注身体的反应就能让自己感知情绪，就能慢慢观察到情绪的产生、来去之间的微妙变化。感知情绪的方法就是让自己的注意力更敏锐一些。

### 14.　"痛"不一定"苦"

痛和苦在本质上是截然不同的，它们并非永远相伴而生，除非你能够做到在痛和苦之间加上"放下"。放下什么？放下对"痛"的执着和抗拒。执着就是拼命想抓住，拒绝放手；抗拒就是拼命想避开，拒绝接受。苦的真正缘由是抗拒，而不是痛本身。

一行禅师说："花朵凋零本身并不造成痛苦，然而人们期望花朵永不凋零，是这个不切实际的愿望造成了苦。"

### 15. 跟情绪做朋友

你可以把情绪视为自己的老板，遵从它的每一条命令，或者当它是敌人，希望它消失，你也可以和情绪做朋友，允许它随意来去，并且友好地对待它。

### 16. 我本来就很好

迈克·尼尔在《由内而外：突破自我的三大法则》中提出，我们所追寻的东西一直在我们周围，就在我们现在所坐的地方，精神世界通过神圣的具体之物体现出来。就像一棵树的颜色不会"错了"一样，我们也不会"不够好"。我们不必变得"值得被爱"，因为我们就是爱的化身。真正的转变在于我们不去寻找，就知道它依旧在那儿。

### 17. 我们体验的不是情绪，而是想法

迈克·尼尔说，你和幸福仅有一个想法的距离，你和悲伤也仅有一个想法的距离，其中的关键点在于"思想"。思想就在我们周围，这在某种程度上也让我们对其视而不见，就像鱼看不见水一样。我们体验的不是金钱，而是对金钱的想法；我们体验的不是我们的孩子、父母或是另一半，而是自己对孩子、父母或者另一半的想法；我们体验的不是世界，而是对世界的想法。

### 18. 训练正念呼吸

不管你是在上厕所、开车、吃饭，还是在走路、聆听、休息，请你随时将注意力集中在自己的呼吸上，感受自己的一呼一吸。

# 10

## 第十章
## 深度反省，让生命焕然一新

　　一念发动处便是行，一切的结果都起源于念头，反省就是回到源头，在起心动念上下功夫。稻盛和夫为什么要每天反省？反省为何如此重要？反省又该如何来做？通过实修实证，你也可以把握其中的精髓。

# 第一节 人，为什么要反省？

我们知道，复盘至少有三个层次：反观是第一个层次，反思是第二个层次，反省是第三个层次。

反观和反思针对的还是事，反省则是针对人，针对人的起心动念，是在念头上下功夫。而念头则是心的起用，所以在念头上下功夫，就是在心上用功。

稻盛和夫对于反省有着精彩的论述：

> 人心原本就有两面性，既有只要自己好就行的利己心，也有与之相反的美好的利他心，不忘感谢、充满关爱、为他人尽力自己就能够感到喜悦等。这种美好的心灵十分崇高，可以用"良心"这个词来表达。只要努力抑制利己心，用"良心"这个词所表达的美好心灵就会绽放。……心怀善念，就会结出善果；心怀恶念，就会结出恶果。……这正是所谓的反省，如果对心灵的庭院放任不管，心中就必然会充满利己的强烈欲望。所以，"反省"非常重要。

我们在做事的时候，出发点和本心很重要，自私自利的想法很难走远。人心中本来就有私欲，为了减少这些人性的弱点，少一些私欲，我们就需要时常反省，扫除尘埃，从而让心纯粹一点儿，就像稻盛和夫所说的"动机至善，私心了无"。

实际上，中华文化中蕴藏着丰富的反省文化。

孔子曰："择其善者而从之，其不善者而改之。"孟子曰："反身而诚。"曾子讲："吾日三省吾身。"《大学》："诚其意者，毋自欺也。"《礼记·中庸》："莫见乎隐，莫显乎微，故君子慎其独也。"王阳明先生提到"省察克制"……这些都在讲反省的重要作用。

中国历代的仁人志士都有着强烈的反省精神，曾国藩就是很好的代表。

曾国藩的座右铭就是：不为圣贤，便为禽兽；莫问收获，但问耕耘。后一句已经成了很多人的口头禅，但是前一句很多人未必接受。

人心善恶往往只是一念之差。反省，就是要在这一念之间下功夫，拨乱反正，导之以正。所以曾国藩常常通过静坐、记日记、"研己"等，对自己的傲慢、不诚、好色、好怒等毛病进行改正，后来他又成功戒烟，可见其决心之大，不达圣贤，誓不罢休。

曾国藩有日课四条：一曰慎独则心安，二曰主敬则身强，三曰求仁则人悦，四曰习劳则神钦，也就是养心、养身、爱人、干活。第一条就是慎独。

曾国藩说："自修之道，莫难于养心。养心之难，又在慎独。能慎独，则内省不疚，可以对天地质鬼神。人无一内愧之事，则天君泰然。此心常快足宽平，是人生第一自强之道，第一寻乐之方，守身之先务也。"

一个人的时候，才能看到自己的真面目，只有独处的时候依然能做到克己复礼，才叫真本事。人能做到慎独，才能真正自我反省。反省之后，心无愧疚，襟怀坦荡，浩气凛然，自然心底无私天地宽，这是人生第一自强之道、最好的幸福秘方。

> 凡心中不可有所恃，心有所恃，则达于面貌。……只宜抑然自下，一昧言忠信行笃敬，庶几可以遮护旧失，整顿新气；否则，人皆厌薄之矣。

这段话选自曾国藩告诫曾国荃的信，他告诉九弟要谦虚，不要骄傲。傲并非仅仅表现在语言上，它有可能深入骨髓，"心有所恃，则达于面貌"。曾国藩说："天下古今之庸人，皆以一惰字致败；天下古今之才人，皆以一傲字致败。"他还提出了"五勤"：身勤、眼勤、手勤、口勤、心勤。

无论是去傲心，还是治懒惰，这些都是每日的修行，是日日之功。反省本身就说明人的自我修炼并非一夜脱胎换骨，而是需要滴水穿石般的功夫。反省就像骑自行车需要不断校正方向一样，车有时会偏左一点儿，有时会偏右一点儿，只有不断反省，才能始终在中道而行。

## 第二节　人，如何进行反省？

曾国藩的日记，实际上就是他的反省日记。他一直有写日记的习惯，不过之前的日记多属记事，在他决心做圣人之后，日记的大部分内容便变成了反省。

这个习惯实际上是他跟理学家倭仁学的。倭仁年长曾国藩七岁，有写日记修身的习惯，"每日自朝至寝，一言一动，坐作饮食，皆有札记。或心有私欲不克，外有不及检者，皆记出"。

曾国藩向倭仁讨教，"教予写日课，当即写，不宜再因循"。他们经常在一起切磋并交换日记，互为反馈，可谓是修身好搭档。

用写日记的方式来反省，对自己的起心动念进行观照、觉察，是非常简便的修身方式。

记得有一次，在出差的酒店里，笔者用了一个多小时的时间，做了一次深刻反省。因为没有外人打扰，身处一个相对封闭的空间，笔者可以自由书写。

笔者关上手机和电脑，拿出几张纸和笔，细细梳理过往，并就其中的一些关键事件一次又一次地进行自我责问。反省到最后，笔者泪如雨下，号啕不已。

反省完之后，笔者感觉自己整个人都变得轻松了很多，最重要的是，笔者感觉心里有一股力量在升起。

这就是反省的力量！笔者更深刻地理解了稻盛和夫为什么说"要每天反省"。

那一刻笔者开始明白，成长是生命的改变，而不只是让头脑更发达。不过这样的体会需要每个人亲自去实修实证，如人饮水冷暖自知。

笔者以前从来没有意识到，一次深刻的反省，一次触及灵魂的反省，竟然可以让自己的信念有显著的提升。

如果你真的想有所改变，想让自己的生命变得不同，你就需要一次触及灵魂的反省。你与焕然一新的自己之间，或许就隔着一次深刻的反省。

那我们具体该怎么做反省呢？

这里有两种方法，一种是从反省自己的错误入手，笔者称之为"改过反省法"；一种是从梳理自己接收到的善意出发，笔者称之为"感恩反省法"。

## 改过反省法

"改过反省法"大体有这么几个步骤。

### 1. 确定时间

这其实是最关键的步骤，为什么呢？

再好的方法和工具，如果你拖半年、一年不去做，对你也没有任何帮助。很多人不是不会反省，而是卡在了这里。

他们或许会带着自己的问题纠结很多年，四处上课、寻师访友，试图解决自己的问题，但是他们不会立即去做反省。他们甚至希望有人能解决自己的问题。

太多人自觉或者不自觉地沉迷于聚众清谈、自我陶醉。可什么时间去做一次反省呢？今天、明天，还是等等再说？

因此，如果你想解决自己的问题，第一件事就是要尽快确定一个时间。

### 2. 找一个不被打扰的空间

我们要找一个相对私密的空间，确保没有任何人来打扰，确保自己不被外界的人和事分散精力。

我们最好穿戴整齐，让内心深处生出重视和敬畏。重要的事情务必以重要的形式去做，这样自己的感觉也是不同的。

我们要关掉手机、关掉电脑，不要被任何东西分散我们的注意力。

### 3. 拿出事先准备好的纸和笔

我们不要用电脑，只用纸和笔；不要躺在床上，不要随便在脑子里想想，那样没有效果。

### 4. 罗列从小到大做过的所有错事、恶事

我们可以按照从小到大的顺序，慢慢去回忆，一件一件记录下来。比如第一次对妈妈撒谎，第一次跟小伙伴们偷别人家的东西，等等。

如果有些事你觉得无足轻重，不愿意写，或许代表了你不敢承

认。在这个步骤里，正视过去是关键的心理倾向。

或许你会觉得，有必要对自己"秋后算账"吗？

你尽管去写，写好之后，可以读给自己听一听。

### 5. 选取其中的几件事进行重点反省

你可以从自己所写之事中选取一两件进行重点反省。

你试着问自己：当初我为什么要这么做？

你得出答案后，再去追问背后的起心动念。

你要问自己：为什么要这样？

这样一直问下去，问九次为止，这便是"九问责己法"。

如果你只是简单地追问一两次，是远远不够的。责己的时候，或许某个时刻，你也会情不自禁地流下眼泪，有所感悟。

### 6. 清理

你做完以上所有的事后，要把自己写的内容撕掉或者烧掉，不要给任何人看，你自己知道就可以了。这些不是写给别人看的，只是写给自己看的。

这样的反省，一周至少做一次。你每天可以做一次小的复盘，每周可以做一次深度反省。如果你做反省的时候，总是无法深入，要给自己一点儿耐心和时间，不断去尝试。

## 五问法与九问责己法

在反省的过程中，除了上面提到的九问责己，日本丰田还有一个

"5why 分析法"，又称"五问法"。我们要对一个问题连续问自己 5 个"为什么"，以找到问题的根本原因。五问法的关键在于我们要努力避开主观或自负的假设和逻辑陷阱，从结果着手，沿着因果关系顺藤摸瓜，直至找出原有问题的根本原因。

丰田生产方式的创造者大野耐一曾经用"五问法"找到了机器停机的真正原因：

1. 为什么机器停了？

因为机器超载，保险丝烧了。

2. 为什么机器会超载？

因为轴承的润滑不足。

3. 为什么轴承润滑不足？

因为润滑泵失灵了。

4. 为什么润滑泵失灵了？

因为它的轮轴耗损了。

5. 为什么润滑泵的轮轴会耗损？

因为里面有杂质。

大野耐一经过 5 次不停地问"为什么"，才最终找到问题的真正原因。如果没有这种刨根问底的精神，当事人很可能只是换根保险丝就草草了事，而真正的问题却没有解决。

如果五问不够，我们就九问，即使用"九问责己法"。

九问的目的在于责己，责己的过程就是一个给自己赋能的过程。责己并不容易，贵在一个"诚"字，责己有多真诚，给自己赋予的能量就有多强大。

微医的创始人廖杰远，他本来是科大讯飞的创办人之一，后来为什么半路出家走上了医疗服务这条路呢？这完全是因为一次意外。因为侄子生病，做了两次手术，结果却是误诊，这给了廖杰远非常大的冲击，他要为老百姓看病难做点儿事，所以才进入了这样一个行业。没想到他一路走来，结果竟然非常好。2017年，美国知名市场咨询公司 CB Insight 将微医列为中国排名第一的互联网医疗独角兽企业。

廖杰远就非常重视"九问责己法"。当初面对侄儿的误诊，所有人的第一反应是愤怒，是"我要去找那个专家，因为他的误诊，给孩子带来了痛苦"。但廖杰远没有去找那个专家，他反问自己：

第一，我错在哪里？我错在迷信大医院、专家，因为面对复杂的疾病，我们是无知和无奈的。

第二，真正的问题在哪里？目前的医疗体系中，经过现代医学层层分科之后，医生只是关注"病"，而没有关注"人"。

他认为当时他若真找那个专家打官司，也许就会因为对医疗行业的愤怒而切断进入这个行业的想法，也就没有微医了。这种对自我的反观让他看到了问题背后更大的问题，于是他希望自己家人经受的痛苦不要再在别人身上重演，所以就义无反顾地扎进了医疗领域。

在推进微医的过程中，廖杰远常常九问责己，他曾经讲过一个故事：

我们好不容易约到一位院长，精心准备，不到7点就到医院等他。等院长来了，我赶紧打开电脑，半跪在地上给他看 PPT。结果院长说："不用看这个，你说就行。"我马上放下电脑，拿出文稿材料给他看。他大概翻了一下，就放到旁边说："你们先回去，有需要的时候我再联系你。"前后不到 3 分钟他就把我们打发了。

面对这种情况，很多人的第一反应或许是抱怨，认为是院长的问题，但如果我也这样想，可能永远也不知道应该怎么跟院长打交道。出门后我就思考，其实院长已经给了我机会，他那么忙，能抽空见我一面已经很不容易了，我为什么没能把握时机直接呈现核心内容呢？于是我就开始思考：我们能否用三句话打动院长呢？

经过思考与实践，后来我们真的做到了。我去见广东一家大医院的院长时，一开口我就告诉他我们能帮他完成哪几件事，仅用一分钟就说完了。紧接着，院长就提出了两个问题：你怎么挣钱？什么时候开始做？我对他所关心的问题做了有针对性的阐释，总共耗时 3 分钟，我们就成功了！

看，这就是责己的力量，只有通过更深刻地反省，持续地追问，我们才能找到根上的问题。

廖杰远说，我们碰到困难、遇到挑战、能力不足的时候，就要自觉反省，从自己身上找问题，不要停留在表面，一定要连问自己，层层深入，才能打开垂直攀登的能量之门。

## 感恩反省法

稻盛和夫说："活着，就要感谢。"因为我们不是独立的个体，我们的生存与发展都依赖其他人做出的贡献。我们既不生产布，也不生产粮食，一衣一饭都凝聚了无数人的劳动，对此，我们不能视之为理所当然。

华杉说："没有什么理所当然，一切都是难能可贵。"

乔布斯说："我所做的每一件事都有赖于人类的其他成员，以及他们的贡献和成就。"

作为人，离开了其他人我们无法独立生活。因此，我们要感恩，感谢让我们安身立命的所有人，并把这种美德传承下去。

大多数时候，我们做事是出于"一己之私"，我们可能怀着崇高的目的去做一件好事，但是细细追本溯源就会发现，我们的出发点都带有一点儿"自私"。念头即结果，念与念的集合就是我们的人生，当我们念头不纯的时候，结果自然不会好到哪里去。也许我们侥幸盛极一时，但最终可能还是会衰败。

如果我们从感恩之心出发，就能更好地为他人着想。因为感恩的心会让我们活在全然回馈他人的心境中。

每当我们想起之前人生旅途中的善意，总会有一种想要回报的心理，不管实际有多少回馈，内心里的感激之情一定是真实的。

当我们心怀感恩并做出反省时，心灵会处在一种纯粹的状态中，这种纯粹会让我们在做决策时真正做到动机至善、毫无私心。


感恩反馈法具体怎么做呢？

第一步：确定一件值得感恩的事或者一个值得感恩的人。

那件事为什么值得感恩？

你曾经从他那里得到了什么样的帮助？这种帮助对当时的你来说意味着什么？如果没有他的帮助，结果会怎么样？

第二步：假设你就是对方，去体会对方提供帮助时的内心感受。

你要想想对方提供帮助的时候，是怎么想的，当时的心境如何，他为什么要这么做。

第三步：对于他的帮助，你的感受是什么？你做了什么？你今后会怎么做？

当你得到别人的帮助时，你有什么感受？今后遇到类似的事情，你会像他那样帮助别人吗？你将会采取什么行动来表达自己的感激？

以上就是"感恩反省法"的三个步骤。

国内外有很多一流企业非常推崇"以客户为中心"的原则。但是很多时候，大多数企业只是将"以客户为中心"挂在嘴边，它们并没有做到全心全意地为客户服务，让"以客户为中心"成了一句空洞的口号。

那该如何真正做到"以客户为中心"呢？

你需要感谢客户，知道为客户服务是你的工作。

你要如何释放自己的善意呢？你要如何对待自己的客户？你要如何对待更多的人？你要如何对待这个社会、这个国家以及这个世界？这样想来，一定会激发出自己内心中的善意，此时此刻你的决定也一定充满善意，这份善意将会吸引更多的善意。

这个过程就是感恩反省的过程。从一次小小的感恩反省开始，受者与施者就建立了心与心的连接，受者更能设身处地地感受施者的内心状态，于是也用善意将自己包围，同时又将这种善意化作行动，以吸引更多的善意，这就像涟漪效应一样。这个世界的善意就这样一层一层扩展开来，扩展到更远的地方，惠及更多的人。

这就是感恩反省的力量。正如张德芬在《零极限》的序言中所写的那样："我真的发现'忏悔'与'感恩'是两个重要的成长工具……所以，不要小看了这几句话，在读这本书的字里行间可以好好体会它们的深意，进而把它们落实在我们的生活中。一段时间之后，你一定可以看到自己的生命有了不一样的改变！"

实际上，"忏悔"与"感恩"是这个世界上大多数修行体系的核心内容。

## 第三节　真正的反省，始于立志

　　一个人真正愿意反省，愿意对自己进行长期校正、慎独、自我克制，格物致知，必然因为心中对自己有着不一般的期许。一个人只有心中有了志向，才能"动心忍性，曾益其所不能"，才愿意真正下苦功修炼自己。

　　孔子曰："吾十有五而志于学，三十而立。"这个立，不只是说经济，也是说志向。孔子对弟子有四个要求：立志、勤学、改过、责善。第一点就是立志。

　　王阳明说："志不立，天下无可成之事。"大部分人为什么不能成事，因为志不立，而王阳明 12 岁便立下此生必为圣人之志。

　　曾国藩也是，他虽然出身一般，但是也很早就立下了必为圣人之志。他说："盖士人读书，第一要有志，第二要有识，第三要有恒。有志则断不甘为下流；有识则知学问无尽，不敢以一得自足；有恒则断无不成之事。此三者缺一不可。"

　　曾国藩喜欢静坐，不过在很长一段时间内并未得法，后来终于了悟了静坐的诀窍：

　　（心）无定向则不能静，不静则不安其根，只在志之不立耳。

又有鄙陋之见，检点细事，不忍小忿，故一毫之细，竟夕踌躇，一端之忤，终日沾恋，坐是所以忡忡也。志不立，识又鄙，欲求心之安，不可得矣。

曾国藩之所以静坐时无法真正安定，其根在于志不能立。
曾国藩立的是什么志向呢？

君子之立志也，有民胞物与之量，有内圣外王之业，而后不忝于父母之所生，不愧为天地之完人。

曾国藩的志向是做一个民胞物与、内圣外王的完人。他本来是一个农家子弟，一路考试考到京城，原本没什么志向，只不过接触的人不同了，境界也慢慢提升了，所谓"师友挟持，虽懦夫亦有立志"。这中间经历了六七年的时间，曾国藩每天都会静坐冥想、自我反省、自我剖析，日日不断。

立志是曾国藩能够成功的根本之一，也是一门学问。曾国藩说："何必择地？何必择时？但自问立志之真不真耳！"

华与华的创办人华杉也非常注重立志的重要性，他在一次直播中提到：

人生最最最重要的就是立志。我的志向是什么？你一定要能够很清晰地回答这个问题。如果你说只想赚钱，那就完蛋了，因为赚钱是结果。首先你要成为什么样的人？你要为社会提供什么价值？你对社会有了贡献，社会才会给予你回报。

　　大多数人为什么最后变成了普通人？正是因为他们没有志向，总是"战中求胜"，到最后偃旗息鼓、销声匿迹。

　　因此，对个体来说，我们之所以不立志，很大的原因是不知道立志的重要性。立志也有很多层次，比如立圣贤之志、君子之志、能人之志、士人之志。

　　我们确定志向以后，才有前进的方向。兵法说：知战之地，知战之日，则可千里而会战。我们只有知道作战的时间、地点，才可以千里奔袭去作战，这就是志向的意义。

　　真正的反省，始于立志。

# 第十一章
## 团队复盘可以怎么玩？

团队管理中的一个核心挑战就是如何从外在驱动到内在驱动，这需要企业有反思的文化和向内看的氛围。而团队要想做好复盘，必须以问题为入口，构建一个场域，让参与者自己发现问题，自己解决问题。

## 第一节　U 形反思会：解决真问题，提升正能量

### 团队要想做好复盘，必须走 U 形

在跟很多团队管理者打交道的过程中，笔者经常听到这样的声音：

"这个错误反复出现，这些人的能力实在太差了。"

"他们的主动性、积极性有很大问题。"

"如何才能有效监督员工呢？"

"员工执行力不行。"

"团队荣誉感不强。"

笔者发现他们经常处在一种"自动反应"的状态中——A 出了问题，肯定是 B 的原因（见图 11-1）。

A ○━━━━━━━━━━━━━━━●B

图 11-1　自动反应

什么叫自动反应？

自动反应就是在面对问题的时候，没有经过深层思考而直接给出答案。比如：员工反复做错某件事，肯定是他们的能力有问题。

在一次企业的 U 形反思会上，一位财务负责人抱怨下级财务部门提交上来的报表反复出现类似的错误，她认为是员工的能力不行，下级财务经理的专业能力也有问题。于是，她提出了一个问题：如何提高员工能力以及如何打造核心团队？

但是，经过与会人员的反复剖析，她后来发现真正的原因不在于员工，而在于她自己。为什么呢？

因为每次遇到下级部门提交上来的问题报表，她都是"苦口婆心"地告诉他们错在哪里、怎么调整，以至于下级部门并没有把这件事放在心上，反正交上去有问题会有人指出，而且还有机会修正。其结果竟然是，这个问题堂而皇之地成了一种怎么都解决不好的老大难问题。这个问题是财务负责人的管理方式导致的，并不是员工的能力问题。

当然，一个简单的问题，如果不是经过"照镜子"，当事人也很难发现，这就是所谓看人容易看己难。在那次反思会上，笔者给这位财务负责人一个非常直接的回应：如果一件事偶然出现，责任可能在别人；如果一件事反复出现，责任可能在于你自己。财务负责人开始慢慢看到自己需要调整的地方，逐渐从自动反应转移到了深度思考。而这种深度思考，笔者称之为"U 形反思"。

U 形反思不是从 A 到 B 走直线，而是先下沉，沉到底部，发现真正的问题后，再上升，提出全新的解决方案，走的是一个 U 形路线（见图 11-2）。

A ○                    ○ B

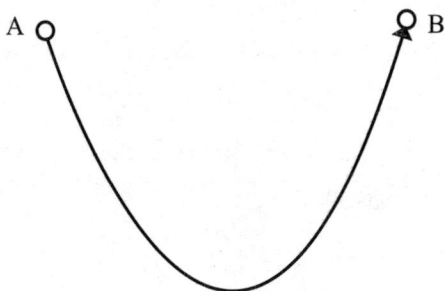

图 11-2　U 形反思

U 形理论倡导的是，问题出现以后，不要急于反应，先冷静下来观察、反思，然后再去找答案，最后给出解决方案。这里的思维不是一条直线，而是一个下沉的 U 形。

笔者经常在培训的过程中告诉学员，学习始于自我觉察的那一刻。没有觉察，一个人就会延续过去的反应模式而不自知。在遇到问题的时候，我们让注意力多停留一会儿，以便看到新的关键信息，找到更多的可能性，这正是复盘过程中最重要的地方，它会使人发生真正的改变。

如果没有这个过程，我们的复盘就是在走形式。

一个人处在过往经历的模式中，看到的永远是以前的问题、提供的永远是以前的解决方案。

我们只有告别自动反应，复盘才能帮助一个人真正解决问题，并促进认知升级。

213

## U形反思会

这里介绍团队复盘的一个工具：U形反思会。

U形反思会主要是带领大家以问题为入口，团队共同讨论，让参与者身在其中，自己看到问题、自己解决问题。

实际上，U形反思会就是一个结构化的复盘会，这个复盘会一共有7个步骤（见图11-3）。

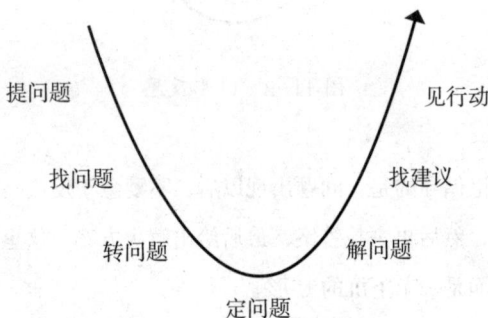

提问题　　　　　　　　　　见行动

找问题　　　　　　　　找建议

转问题　　　　　解问题

定问题

图11-3　U形七步法

### 第一步：提问题

工作一般都是围绕问题展开的，问题就像一根无形的线，把所有的人力、物力穿起来，推着所有人往前走。顺着这条线，我们去找问题背后的问题以及可能的解决方案，这是比较常用的工作方法。

提问题这一步要求所有参会者提出自己当下所面临的最核心、最具挑战性的问题。复盘会重点解决的是事关全局的战略性问题，或者长期掣肘业务发展的关键性问题，这些问题不一定有多大，但通常都有以小见大的特征。

这些问题通常需要符合 3 个条件:

· 当下的问题 ( 当下的真实问题 )。

· 你的问题 ( 是你自己遇到的问题,不是别人遇到的问题 )。

· 重要的问题 ( 对你和组织来说重要的问题 )。

值得注意的是,有些人会提出一些似是而非、不痛不痒的问题,比如如何解决迟到早退、如何节约打印纸张等问题。

也有人会提出过于空泛的问题,比如在一次 U 形反思会中,有一个刚上任的业务总监提出公司如何在三年内上市的问题,这显然超出了他目前的职位范畴。因此,在复盘会中,我们要尽量从自己目前的岗位、角色、重点工作出发,提出属于自己的问题。

参会者共同投票,找出少数几个所有人都关心的问题,然后在 U 形反思会中予以解决。一次会议不可能解决所有问题,所以就需要以点带面,解决那些非常有代表性的问题。

### 第二步: 找问题

等最终要讨论的问题出炉以后,我们需要做的第一个工作就是 "找问题"。

可能你有疑问,为什么还要找问题呢? 问题不是已经找到了吗?

实际上,我们提出的问题,通常都是表面问题,它的背后往往还有很多隐而未见的问题,要找到这些隐而未见的问题,才能真正决痛溃疽。

这种背后的问题,才是真正需要解决的问题。

因此,这里的 "找问题",实际上是透过参与者提出的表面问题去追根溯源,寻找背后的真问题,而且让问题提出者切身感受到这个真问题,而并非仅仅来自外界的告知。

这就需要问题提出者去"观",反观自身、反求诸己。

"观"的方法是所有与会人员向问题提出者提问,帮助他通过更多的视角来观察问题。面对同一个问题,每个人的角度都是不同的,反应也是不同的,那么,其他人怎么看?我们不妨放下自我保护的心理,保持开放的态度,听听其他人的意见。

这里对其他参与者的要求是做一个好的提问者。你只把你的看法、你的理解通过一个个问题抛给问题提出者,让他去思考和回答,而不是大谈特谈自己对问题的理解和看法。

当然,这种提出的问题最好是开放性的问题。你可以问:"其他做得好的人都是怎么做的呢?"而不要问:"你为什么不试试这个方法呢?"后者是一个封闭性的问题,你看似在提问题,实际上是在给答案。

### 第三步:转问题

在第二步中,在不断提问、不断互动中,提问者会慢慢找到自己的真问题,看到更为深层的东西。

这个时候,他就要对起初提的那个问题进行修正了,要用一个新的问题替代它。这里的关键动作,就是用找到的真问题替代原来的问题。

### 第四步:定问题

这里实际上是再确认的过程。有时问题提出者会比较纠结,拿不准到底哪个问题才是自己想要解决的真问题,这时要给他一定的时间,让他思考和放空。不管结果如何,最终这个问题要由问题提出者来确定,而不是由其他人或者主持人确定。

至此，从第一步到第四步，实际上是在确定何为真问题。7个步骤当中有4步在做确认问题的工作，可见，问题比答案更重要。有时不是我们不知道答案，而是我们问错了问题。

### 第五步：解问题

这一步才开始解题，我们针对最后确定的真问题，分析解开难题的关键因素，以及达到目标可能存在的主要障碍。问题的关键原因是什么？解决问题的关键因素是什么？

团队需要一起分析、拆解问题。此时依然不是提供答案的时候，还需要小心谨慎地把问题梳理清楚。

### 第六步：找建议

我们走到这里，才开始正式想办法寻找答案，即集思广益、群策群力，把可能解决问题的思路、方法、建议尽可能地挖掘出来。每个参与者都要思考，接下来该怎么做，自己之前有没有处理过类似的问题，以往的经验是什么，然后再分享给大家。

此时，问题提出者不需要去回应每个人的答案，他只要用心聆听并进行适当的记录即可。

### 第七步：见行动

在这一步，问题提出者要分享自己在整个过程中的主要收获，以及下一步自己会采取的行动。一场以学习为导向的复盘会议，所有的与会者都需要反思，并分享自己在这个过程中受到的启发，以及这个启发将怎样影响自己接下来的工作。主持人需要对整个会议进行总结，并对大家的参与表示感谢。

另外，整场会议需要提前安排会议记录者。这个人需要整理会议纪要，提交给相关管理机构进行审核，并在得到批准以后下发给与会人员。同时会议发起者或者管理部门需要对具体的落实行动进行追踪。

U 形反思会的特色就是一个字：真。

真刀真枪解决真问题，这具体表现在三个方面：

第一，问题即机会。U 形反思会没有纠结评估结果，也没有一下子跳进问题进行漫长的讨论，而是小心谨慎地选择问题，由表层问题下沉到对真问题的寻找与界定，从而重新定义当前的困境与挑战。当真问题确定以后，有些人意识到自己之前思考问题的局限性和片面性，有些人意识到自己的固有思维模式阻碍了解决问题的脚步，还有些人立刻找到了答案。

第二点，U 形反思会直接体现了"工作即学习"的理念。反思会与业务无缝对接，学习的对象就是实际业务问题，它不像传统培训，在理论学习上耗时过多，却离真正的问题有很长的距离。U 形反思会把学习直接搬到了工作中，直接研究工作、分析问题，甚至现场办公。

第三点，U 形反思会也体现了"少就是多"的特点。与会人员通过精心选取有代表性的少数问题，以小见大、以点带面，让想法和创意以乘数效应在组织内部流动。

## U 形反思会的理论基础

之前我们提到过复盘七步，即知、止、定、静、安、虑、得，这七步也是儒家修证的七个层次，也是领导力修炼的七个步骤。

马萨诸塞州理工学院组织学习运动先驱、《第五项修炼·心灵篇》的合著者奥托·夏莫把这七个步骤发展为一套理论，就是前面提到的U形理论。

U形理论后来又被企业培训从业人员所引用，成为私人董事会的重要理论。

U形反思会融合了复盘七步、U形理论流程和方法，并进行了优化，让它既适用于管理领域，也适用于业务领域。不仅如此，U形反思会还构建了一个系统，在这个系统中，复盘只是其中的一个组成部分，这个系统还有一个极为重要的部分，就是管理沟通。

## 第二节　管理沟通：让团队复盘如虎添翼

管理者开完 U 形反思会以后，还需要进行大量的沟通，以确保会议成果落实，以及营造开放的团队氛围。从沟通这个角度来看，U 形反思会也可以视为一种沟通的方式。组织和团队的有效运转，离不开及时、有效、高频的内部沟通，以至于有人认为管理就是沟通。

在管理沟通上，领导者必须认识到以下两个最基本的原则。

### 1. 互动原则

人并不是理性动物，人是非常感性的，管理者除了给予被管理者金钱、各种福利，还需要互动。如果你不跟他谈，又想对方自动自发地按照你的思路行动，那是不可能的。

谈，不仅要谈事，还要谈心，否则，他们不是追随者，只是下属。这就像德鲁克所说的那样："领导者的唯一定义是拥有追随者的人。"

### 2. 尊重原则

尊重他人显然是常识，但又有点儿像"房间里的大象"，很多领导者视而不见。

人不是机器，不是你输入"996"，他们就会按照这个程序自动运行。

管理是在工业革命之后出现的，是应对大规模工人劳动的产物。如今在个体崛起的时代，管理应该让位给领导，或者说，管理应该让位给自我管理。这就需要尊重，需要替他人考虑、理解他人，从而真正激发他人的工作热情。

管理沟通这件事起码包括四个层次：

自己跟自己沟通：一对零。

自己跟他人沟通：一对一。

自己跟团队沟通：一对多。

自己跟组织沟通：一对更多。

首先，一对零的沟通，也就是复盘和反思。一对零的沟通是其他几个沟通方式的前提。没有良好的自我认知与自我审视，人很难做好团队管理与组织管理。

其次，一对一沟通。沟通的对象主要包括团队核心成员，比如合伙人、小组成员，等等。

这部分很多领导者做得不是很好，他们可以面对很多人，可以跟一堆人开会，但就是不愿意单独跟团队成员进行一对一沟通。

一对一的沟通需要领导放低姿态，和下属一对一平等交流。一对一沟通能确保信息的一致性，增强团队成员的归属感，甚至会触及很深的问题。

再次，自己跟团队的沟通。这种沟通的主要形式是一对多的会议。会议时间可以是每天、每周、每月。每天的会议不一定要多长，站着讲几句就可以。每周的会议可以安排在周一，计划一周的工作，也可以安排在周五，总结一周的工作。每月的会议，主要是月度检视，一方面是复盘，分析经营管理的利弊，另一方面是部署下个月的计划。

这里需要注意"发言机会要均等"。一份谷歌高效团队的研究指出，只要每个人都有发言的机会，并且发言机会均等，这个团队就能合作得很好。相反，如果每次开会只有一个人或者少数几个人发言，那么这个团队的群体智商就会下降。

最后，自己跟组织沟通。这个沟通既然是一对更多，就没办法经常面对面交流，所以就需要借助工具完成。

笔者以前在某大型金融公司工作时，几乎天天早上都能见到董事长等高管出现在早会的视频中，这就是无形的影响力。所有员工都知道老板在干什么，又有什么新的动作和言论。每一个 CEO 或者创始人都应该在组织内部开辟沟通渠道，保障信息上传下达，这就是"一对更多"。

笔者在从事企业培训师或战略顾问的过程中，经常建议领导者搭建好内部的这套管理沟通体系，因为只有沟通顺畅，才能让整个团队更容易成事。

# 第三节　管理日志：将复盘融入团队日常管理体系

## 管理一个团队的新角度、新抓手

一个企业如果能够像智能系统一样运转，就会不断地提出解决问题的方案。而企业要发展为一个学习型系统，就需要领导者或者团队负责人重视学习。

行动学习之父雷格·瑞文斯说，一个有士气的组织必然会对学习有浓厚兴趣。相反，从这句话中我们可以看出，一个对学习没有兴趣的组织，其士气一定不会太高。如果你是团队管理者，从团队学习氛围是否浓厚，就可以判断自己的团队是否存在问题。

一般的团队管理者会从业绩管理入手，业务发展、业绩提升是准绳，一开始制订一个目标，然后定期对业绩的完成情况进行考核。其问题在于，长期为了业绩工作，团队成员会找不到工作的真正意义，也许头几年他们还充满干劲，过了几年以后，团队战斗力就会急剧下降。团队管理者不得不想各种办法进行外部刺激，甚至挥舞起手中的"大棒"，但结果可能是"一治一乱"，业绩无法持续稳定，团队凝聚力也会出现问题，管理最终变成了博弈。

另外，业绩目标必然越来越高，今年要达到 2 亿的目标，明年就必定要增长至 2.5 亿，甚至翻一番。在业绩目标不断上升的情况下，如果团队成员的能力保持不变，这个团队是很难有良性发展的。

其实，团队管理完全可以以学习为切入点，把学习作为团队管理的重要抓手。

这几年，HRBP[1] 在很多组织中大受欢迎，这也充分说明员工的积极性、主动性需要更多的制度进行调动，而抓学习恰巧是一个提高活力、激发战斗力的好方法。

抓学习，是以人为本；抓业绩，员工会感觉自己就是管理者用来达到目标的棋子。在这种关系中，团队是没有战斗力和凝聚力的。

抓学习的好处就在这里，管理者关心的是员工个人的成长与进步，未来规划与现阶段的问题，需要的支持，等等。管理者与员工将不仅仅是上下级的关系。

很多管理者估计会有疑问：时间这么宝贵，哪儿有时间安排员工去学习呢？再说，他们来就是为了干活出业绩的，不工作，却学习，这怎么可以呢？

其实，这是对学习的误解。并不是拿起一本书，坐在课堂里才叫学习，工作本身就是学习，团队中的每个人完全可以将工作与学习结合在一起。

一旦团队开始学习，内部就会有分享，心与心之间的交流就有了

---

1　HRBP：HR BUSINESS PARTNER，实际上就是企业派到各个业务或事业部的人力资源管理者，主要协助各业务经理及高层在员工发展、人才发掘、员工能力培养等方面的工作。

可能性;团队智商就会提升,团队的灵魂也会慢慢形成。

既然工作就是学习,那推动学习的最好方式就是复盘,让团队成员根据自己每天的工作情况进行每日复盘,并鼓励内部分享。

以前,很多团队也会写总结,每天工作结束后在内部办公系统写一个工作日志,提交给上级,或者每周交一份周总结。现在,我们完全可以把日志的内容、周总结的内容修改一下。

这种新的日志,笔者称之为管理日志,既是团队负责人管理员工、了解下属动态的日志,也是每个团队成员自我管理、学习提升的日志。

## 管理日志的内容与落实

管理日志可以采用"复盘三角"的结构,每天复盘两到三件事。

我们可以建立一个只有团队成员的复盘群,每个人每天把自己的复盘内容发到这个群里,并安排人进行反馈。

我们持续进行好的反馈,必然带来高质量的复盘分享。管理者可以给予团队成员反馈,如果时间有限,管理者可以有选择性地进行反馈,比如每天反馈一个,争取每个人都有反馈,起到示范和鼓励的作用。

除此之外,我们可以指定负责团队学习发展的同事或者比较有号召力的同事进行有针对性的反馈。我们每天评选出一篇最佳复盘,每周评选出一位复盘之星,让这件事变得更有仪式感。

团队成员之间也可以互为反馈,让每个人都能得到及时的关注,大家相互之间切磋交流,互动成长。管理者也可以给每个人分配一个

"黄金搭档"，搭档之间相互反馈、相互交流，这个搭档也可以定期更换，以保证视角的多样性，同时也在无形中促进了团队内部的融合。

不管怎么样，团队管理者的反馈和资深团队成员的反馈都不可或缺，这是确保从机制层面落实复盘的重要保障。

团队管理者如果能亲自参与其中，以身作则提交复盘，将会使复盘这件事变得更有意义、更为有效。复盘群可以变成团队内部相互交流的地方，一个敢于说真话的安全空间，一个相互切磋、以人为镜的学习场所。

对领导者来说，团队就是他的作品，作品的好坏，取决于领导者的用心程度以及长久投入其中的耐心。

# 参考文献

［美］本杰明·富兰克林. 富兰克林自传［M］. 王正林，王权，译. 北京：中国青年出版社，2013.

杨军. 修养要旨［M］. 长春：长春出版社，2020.

庄子. 庄子今注今译（最新修订重排版）［M］. 陈鼓应，注译. 北京：中华书局，1983.4（2010.3 重印）.

查尔斯·汉迪. 第二曲线：跨越"S形曲线"的二次增长［M］. 苗青，译. 北京：机械工业出版社，2017.

［美］理查德·福斯特. 创新：进攻者的优势［M］. 孙玉杰，王宇锋，韩丽华，译. 北京：北京联合出版公司，2017.

［明］王阳明. 阳明先生集要［M］. 施邦曜，辑评. 北京：中华书局，2008.

李善友. 第二曲线创新［M］. 北京：人民邮电出版社，2019.

［美］瑞·达利欧. 原则［M］. 刘波，綦相，译. 北京：中信出版社，2018.

［日］稻盛和夫. 心法：稻盛和夫的哲学［M］. 曹岫云，译. 北京：东方出版社，2014.

［美］沃尔特·艾萨克森. 史蒂夫·乔布斯传［M］. 管延圻等，

译．北京：中信出版社，2011.

［美］约瑟夫·坎贝尔．千面英雄［M］．黄珏苹，译．杭州：浙江人民出版社，2016.

［美］保罗·纽恩斯，提姆·布锐恩．跨越S曲线：如何突破业绩增长周期［M］．崔璐，译．北京：机械工业出版社，2013.

胡喆．分众的有限边界和江南春的无限游戏．微信公众号：左林右狸，2019.

陈中．复盘：对过去的事情做思维演练［M］．北京：机械工业出版社，2013.

刘澜．领导力十律［M］．北京：机械工业出版社，2013.

［英］布鲁斯·胡德．被驯化的大脑［M］．杨涛，林詹钦，译．北京：机械工业出版社，2015.

Jennifer Porter：你是在逃避反思还是逃避成功？刘鹤轩，译．微信公众号：领教工坊，2019.

［美］史蒂芬·柯维．高效能人士的第八个习惯：从效能迈向卓越［M］．陈允明，王亦兵，梁有昶，译．北京：中国青年出版社，2010.

［美］特奥·康普诺利．慢思考：大脑超载时代的思考学［M］．阳曦，译．北京：九州出版社，2016.

［日］稻盛和夫．稻盛和夫哲学精要［M］．曹岫云，译．北京：机械工业出版社，2018.

［美］史蒂芬·柯维．高效能人士的七个习惯（20周年纪念版）［M］．高新勇，王亦兵，葛雪蕾，译．北京：中国青年出版社，2010.

［美］加里·凯勒，杰伊·帕帕森．最重要的事，只有一件［M］．张宝文，译．北京：中信出版社，2015.

华杉．华杉讲透孙子兵法．江苏：江苏凤凰文艺出版社，2015.

〔日〕酒井雄哉．一日一生〔M〕．程亮，译．南京：江苏文艺出版社，2013.

冯唐．成事：冯唐品读曾国藩嘉言钞〔M〕．天津：天津人民出版社，2019.

〔美〕约翰·瑞迪，埃里克·哈格曼．运动改造大脑〔M〕．浦溶，译．杭州：浙江人民出版社，2013.

〔日〕稻盛和夫．活法〔M〕．曹岫云，译．北京：东方出版社，2014.

〔美〕惠顿，卡梅伦．管理技能开发（原书第8版）〔M〕．北京：张文松等，译．机械工业出版社，2012.

〔美〕彼得·圣吉．第五项修炼：学习型组织的艺术实践〔M〕．张成林，译．北京：中信出版社，2009.

〔英〕雷格·瑞文斯．行动学习的本质〔M〕．郝君帅，赵文中，沈强铭，译．北京：机械工业出版社，2016.

李欣频．人类木马程序〔M〕．北京：北京联合出版公司，2019.

〔美〕罗伯特·沙因费尔德．快乐终极指南〔M〕．朱清明，译．杭州：杭州出版社，2015.

〔英〕迈克·尼尔．由内而外：突破自我的三大法则〔M〕．钱峰，译．北京：中国华侨出版社，2015.

〔日〕稻盛和夫．思维方式〔M〕．曹寓刚，译．北京：东方出版社，2018.

曾国藩．曾文正公嘉言钞〔M〕．梁启超，辑．昆明：云南人民出版社，2016.

曾国藩．曾国藩日记〔M〕．唐浩明，编．长沙：岳麓书社，2015.

曾国藩. 曾国藩家书［M］. 唐浩明，编. 长沙：岳麓书社，2015.

［美］沃尔特·艾萨克森. 富兰克林传［M］. 孙豫宁，译. 北京：中信出版社，2016.

［日］冈田武彦. 王阳明大传：知行合一的心学智慧. 重庆：重庆出版社，2018.